Es isst der Mensch
Es frisst das Pferd.
Bei Grzimek war das
umgekehrt.

Meinem langjährigen Chef Professor Dr. Bernhard Grzimek, den Tierpflegern Albert Schick , Johann Kromb und Zooinspektor Hellmut Neubüser gewidmet.

1. Auflage 2013

Verlag: Wolfgang Lummer / info@wolfganglummer.com
Lektorat: Christine Vaternahm
Gestaltung: Ulrich Schüttfort
Alle Fotos : Wolfgang Lummer
Druck und Bindung: Verlag T. Lindemann

Printed in Germany

ISBN 978-3-00-042902-6

Inhaltsverzeichnis

Vorwort

Es gibt Erlebnisse, die im Kopf festsitzen wie Insekten im Bernstein. Besonders, wenn man den interessanten Beruf des Tierpflegers ausgeübt hat.

Begonnen hat alles mit einem Zufall: Ich sah in einem Zooschaukasten mitten in der Stadt neben Tierbildern einen Hinweiszettel: „Wir suchen für April 1953 einen Tierpflegerlehrling."

Zwei Tage später saß ich mit meiner Mutter bei Zoodirektor Professor Dr. Bernhard Grzimek. Nachdem ich ihm meine Gründe erläutert hatte, warum ich unbedingt diesen Beruf erlernen wollte, sagte er sehr eindringlich: „Du hast mit sehr viel Schmutz zu tun, wenig Freizeit, später dann oft Sonntagsdienst. Wenn du all das in Kauf nimmst, kannst du gerne nächstes Jahr bei uns anfangen." Ja, das wollte ich.

Schon am 2. November 1952 begann ich als einer der Ersten in diesem neuen Lehrberuf meine Tierpflegerausbildung im Frankfurter Zoo. Gerade 15 Jahre alt.

Der Zoo bestand damals kriegsbedingt noch weitestgehend aus Ruinen oder notdürftig wieder aufgebauten Tierhäusern. Zur Beschaffung von Baumaterial musste auch der Lehrling aus den Trümmern des Zoogesellschaftshauses Backsteine aussortieren und Mörtel abklopfen. Damit anderswo im Zoo weiter gebaut werden konnte.

Es ist dem damaligen sehr agilen, charismatischen und schlitzohrigen Direktor, Professor Dr. Bernhard Grzimek, zu verdanken, dass aus dem eher kleinen Innenstadtzoo einer der bedeutendsten Zoos weltweit wurde. Allein die überdurchschnittlich guten Besucherzahlen verleiteten die Direktoren anderer Großstadtzoos schon mal zu der Aussage: „Der Grzimek zählt die Besucher beim Verlassen des Zoos nochmal.“ Erfolg hat immer Neider.

Für einen Chef wie Professor Dr. Bernhard Grzimek zu arbeiten war ein großer Gewinn. Seine vorausschauende Naturschutzarbeit, seine Reiselust, aber auch seine Foto- und Filmarbeiten hatten für mich Vorbildcharakter.

Besonders seine fotografischen Aktivitäten waren für mich Anreiz, es ihm gleich zu tun. Erfolge bei Internationalen Ausstellungen und Publikationen machten mir Reisen in andere Erdteile möglich, wo ich meine Pfleglinge in Freiheit erleben konnte. Die Folge war auch eine kritischere Auseinandersetzung mit der Einrichtung Zoo.

Mit großer Begeisterung war ich 43 Jahre für den Frankfurter Zoo tätig. In dieser langen Zeit hatte ich dort viele Erlebnisse unterschiedlichster Art, die es wert sind, einmal aufgeschrieben zu werden.

Meine Erinnerungen erzählen von einem Zoo, den es so nicht mehr gibt. Den heutigen Tiergärten liegen andere, moderne Konzeptionen zugrunde. Die Gehege und Tierhäuser werden großzügiger gestaltet, Tierarten – wenn möglich – in einem Bereich zusammengefasst.
Und es werden Maßnahmen zur Sicherheit der Tiere getroffen, um Diebe, Unholde oder Vandalen fernzuhalten.

Erleben Sie den Zoo meiner Zeit. Amüsieren oder empören Sie sich.

Viel Spaß!

„Es gibt auf der Welt nur ein lügenhaftes Wesen. Das ist der Mensch.
Jedes andere ist wahr und aufrichtig, indem es sich unverhohlen gibt als das was es ist und sich äußert wie es sich fühlt“

Arthur Schopenhauer

Vorsicht!
Tiere spritzen ins Publikum!

Die Fütterung der Raubtiere ist der Besuchermagnet schlechthin, in allen Zoos. Besonders für Tagesbesucher, die nur gelegentlich in den Zoo kommen. Sie wollen ja möglichst viel erleben.

Bei uns in Frankfurt, im alten Raubtierhaus, gab es damals ein kleine Gruppe, meist Abonnenten, die sich bei uns Pflegern vor allem dadurch unbeliebt machte, dass sie an den Fasttagen, den futterfreien Montagen, die Tiere heimlich mit mitgebrachten Hackfleischbällchen fütterte.
Dieses Grüppchen traf sich zur Raubtierfütterung immer gegenüber dem Löwenkäfig. An der Wand gab es einen etwa 60 Zentimeter hohen Sockel, gedacht für Kinder, damit sie über die Erwachsenen wegschauen konnten. Dieser wurde aber von den Abonnenten prinzipiell kurz vor Fütterungsbeginn belegt.

Während sich das Raubtierhaus vor dem Löwenkäfig zusehends füllte, standen die Abonnenten erhöht hinter der Menschenmenge, mit freiem Blick über die Besucher bis zu den Löwen.

Nachdem Puma, Leopard, Tiger, Jaguar und die anderen gefüttert waren, kamen endlich die Löwen an die Reihe. Im Käfig verteilte der Pfleger die großen Fleischteile, Rippenstücke, Schulterstücke und Knochen. Auf dem Außengehege schlugen die Löwenmänner mit ihren Riesentatzen ungeduldig gegen den Schieber. Dieser wurde entsichert und aufgedreht. Fast immer stürmte zuerst Leo, der Alte, von der Freianlage nach innen, dann Max, der Jüngere, anschließend die Löwendamen. Jeder bekam seinen Teil. Oftmals nach kurzem Gezanke, falls einer mal zwei Portionen für sich beanspruchte.

Bald nach dem Hereinkommen hatte der alte Löwenmann das dringende Bedürfnis, seine rundum frisch gereinigte Behausung neu mit Duftmarken zu versehen, wie bei Katzen üblich. Zwei 40 Zentimeter breite Säulen, an denen die großen Gitterflächen zum Publikum hin gesichert waren, kamen immer zuerst an die Reihe. Die Treffsicherheit ließ zu wünschen übrig. Ein Teil ergoss sich über die Zuschauer, die erst jetzt, so bepinkelt, wussten, weshalb vor ihnen ein großes Schild angebracht war:
„Vorsicht Tiere spritzen ins Publikum!" In der Masse war Flucht nicht möglich.

Das aber war der Moment der Abonnenten. Deshalb hatten sie sich versammelt und immer wieder, selbst außer Reichweite stehend, schadenfroh ihren Spaß gehabt. Da lag es nahe, ihnen einen Streich zu spielen.

In dem großen Innenkäfig der Löwenfamilie befand sich im hinteren Viertel eine erhöhte Terrasse, ein idealer warmer Schlafplatz für die Raubkatzen. Alle Heizungsrohre lagen direkt unter dieser Fläche. An der Frontseite zum Publikum hin konnte die warme Luft durch ein schmales Gitter auch in das Käfiginnere ausströmen. Dahinter war ein Mensch durch die Dunkelheit unter dem Käfig weder für Löwen noch für das Publikum sichtbar. Selbst unser fütternder Kollege wusste an diesem Nachmittag nichts von unserem Streich. Als der dominante Leo in gewohnter Weise gegen die Säule und in das Publikum pinkelte, wurden auch die Abonnenten getroffen. Allerdings mit vorgewärmtem klarem Wasser. Es kam aus einer voluminösen Wasserpistole, die aus dem Versteck über die Besucher hinweg in das schadenfrohe Abonnentengrüppchen traf. Damit alles synchron ablief, bekam ich von Fritz, der den Pinkler von schräg seitlich beobachtete, ein Zeichen.

Als wir nach einigen Minuten außen herum ins Raubtierhaus kamen, haben sie sich berochen, mit Taschentüchern gereinigt, geekelt vor dem klaren, warmen Wasser aus unserer Pistole. Sie waren empört, so weit hatte der Leo noch nie gepinkelt.

Der Kunde ist König ?

Als Tierpfleger erlebte ich zwangsläufig die Zoowelt weitestgehend aus Sicht der Tiere. Denn ich war ja nahezu immer auf ihrer Seite: hinter Gittern, Glas oder im Gehege. Wie oft hat sich mir die Frage aufgedrängt, auf welcher Seite die Vernünftigeren sind.

Es ist nahezu unmöglich, am Zooeingang die Leute auszusortieren, die sich später ungebührlich benehmen. Ich habe im Frankfurter Zoo Sonntage mit 20.000 Besuchern erlebt. Nach solchen Tagen ging es immer einigen Tieren schlecht. Auch heute werden noch in einigen Zoos Vitrinen aufgestellt, die all das zeigen, was Besucher in Tierunterkünfte werfen. Teilweise direkt in die Mäuler von Robben, Flusspferden und anderen Tieren. Am häufigsten sind es Münzen, Kaugummi, Kämme, Feuerzeuge, Spiegel. Besonders gern Zigarettenkippen und diese zu den Affen.

Ein solcher Zigarettenstummel hing einmal brennend im dichten Halsfell des Bisonbullen. Der üble Geruch der verbrannten Haare machte andere Besucher darauf aufmerksam. Diese wiederum riefen mich aus dem benachbarten Revier zu Hilfe.

Zu den Kodiakbären warf ein Besucher ein volles Glas Honig, noch mit Preisschild. Das dominante Bärenweibchen schleckte den mit Glassplittern durchmischten Honig fast alleine. Die Folge war eine verletzte Zunge, sie konnte einige Tage kaum Futter zu sich nehmen. Auch ihre Ausscheidungen waren blutdurchmischt. Der Bärenmann hatte „lediglich" Schnittwunden am Fuß. Der Täter war geistig verwirrt gewesen.

Dem Gorillamann Abraham wurde an so einem besucherstarken Sonntag ein Taschenspiegel zugeworfen. Natürlich benutzte er ihn nicht als Spiegel, sondern zerbiss ihn. Zum Glück gelang es mit einem starken Strahl aus dem Wasserschlauch, ihn davon zu trennen und die Splitter aus dem Käfig zu spülen.

Betrunkene haben normalerweise keine Chance, in den Zoo zu kommen. Aber es finden keine Taschenkontrollen statt. Auch besteht die Möglichkeit, sich erst im Zoo zu betrinken. Auf dem Weg zur Mittagspause entdeckte ich einen Mann, der hinter der Absperrung der Raubtiere stand. Er hatte beide Arme bei der

Tigerin durchs Gitter gesteckt, rief immerzu: „Na, du Bettvorleger, komm doch mal zum Onkel." Die Tigerin Venus schien völlig desinteressiert. Erst als ich den Mann gewaltsam über die Absperrung zurückzog, verließ Venus ihren Ruheplatz und kam nach vorne zum Gitter. Vermutlich ekelte sie sich vor seinem Alkoholgeruch.

Meine dritte Lehrlingswoche hätte auch meine letzte sein können, da hat nicht viel gefehlt. Ich war dem Bärenwärter zugeteilt. Er war zuständig für die alte Bärenburg, ein Relikt aus alten Menageriezeiten. Burg deshalb, weil Ähnlichkeit mit einer solchen vorhanden war. Es gab auch einen begehbaren Turm ohne Gitter mit Einblick zu den Eisbären. Wegen eines Suizidfalles war der Turm für Besucher geschlossen. Den Eisbärenkäfig, Käfig im wahrsten Sinne des Wortes mit seinem gerade mal sechs Badewannenfüllungen fassenden Wasserbecken, reinigten wir gerade. Die Eisbären innen eingesperrt. Ohne Zutun eines der Bären hob sich plötzlich ruckartig der Gitterschieber mehrere Male. Philipp Maier streckte mir die Hand entgegen, half mir aus dem Becken. Beide rannten wir durch die offen stehende Tür aus dem Käfig. Im Innengang stand ein Betrunkener, der versuchte, die Schiebersicherung zu entriegeln. Das war zum Glück für einen Alkoholisierten schwierig. Sonst würde ich das heute nicht mehr erzählen können. Der Bärenmann hatte ohnehin schon einen Menschen auf dem Gewissen.

Die großen, über 100 Jahre alten Schildkröten mussten als eine Art Litfaßsäule herhalten. Nachdem der erste Idiot seine Initialen mit Kugelschreiber auf ihnen hinterlassen hatte, waren sie scheinbar für solch einen Schwachsinn freigegeben. Das gleiche erlebte ich in der Wilhelma in Stuttgart. Dort waren die Riesenschildkröten und sogar Kakteen gleichermaßen beschrieben und Namen waren in sie eingeritzt.

Nicht immer waren die Tiere die Leidtragenden. Besonders an besucherstarken Tagen waren oft die Toilettenspülkästen verstopft mit Brieftaschen und Geldbörsen.

Die Taschendiebe hatten es mehr auf den Inhalt abgesehen und entledigten sich auf diese Weise zu ihrer Sicherheit immer schnell der verräterischen Teile.

Der Boxer und der Leopard

Sonntag im Raubtierhaus, die Fütterungszeit kam näher. Die Besucher drängten ins Haus, warteten auf das große Fressen. Zwischen den vielen Besuchern lief eine Boxerhündin hin und her.

Albert Schick, der Raubtierpfleger, war damit beschäftigt, die Fleischportionen für Puma, Tiger und Löwe an kräftige Haken vor die jeweiligen Käfige zu hängen. Plötzlich entdeckte er die Boxerhündin zwischen den Besuchern. „Ja, wo kommst du denn her?" Sie wedelte freundlich mit ihrem Stummelschwanz. „Das geht aber nicht, wer bringt denn einen Hund mit in den Zoo? Das ist doch verboten. Also so was! Gehört der Ihnen", fragte er eine Familie. „Nee." Er rief in die Runde: „Wem gehört der Hund hier?" Allseits Schulterzucken.

Der Hund gehörte niemandem der Anwesenden. Albert sagte: „Wenn das so ist, dann müssen wir ihn halt verfüttern." Ein Raunen ging durch die Menge. „Aber das können die doch nicht tun." Albert ließ den Hund hinter die Absperrung kommen. Er kam bereitwillig. Ehe sich die Besucher versahen, hatte Albert ihn mit kräftigem Griff gepackt und ihn zur Türkante gehoben. Er öffnete das Schloss des Leopardenkäfigs. Der Leopard lauerte Furcht erregend hinter einem Baumstamm. Albert schubste den Boxer in den Käfig. Viele der Zoobesucher protestierten während des Vorgangs heftig. Die Hündin ging nun auf den Leoparden zu. Dieser sprang mit einem geschmeidigen Satz hinter dem Stamm hervor, und nun begann das Begrüßungszeremoniell. Gegenseitiges Lecken, Aneinanderschmiegen und Schmusen. Freude beim Leoparden, dass seine Ziehmutter wieder bei ihm war. Bei seiner Geburt hatte die Mutter ihr Kind nicht angenommen. Deshalb wurde dringend eine Amme gesucht und in der Boxerhündin gefunden.

„Da haben Sie uns jetzt aber einen ordentlichen Schrecken eingejagt." Die Abonnenten, die das schon öfters erlebt hatten, schmunzelten. Albert hatte einmal mehr seinen Spaß gehabt, wenn auch einen etwas makabren.

Entenbefreier

Es gibt einen blöden Witz: Da friert einer furchtbar, denn er hat sich mit einer Leiter zugedeckt, an der eine Sprosse fehlt.

An meiner Leiter fehlte keine Sprosse. Mein erster Winter als Lehrling im Zoo. Als Kleinster, Jüngster und Leichtester war ich gefragt.

Über Nacht war es erheblich kälter geworden. Auf dem Zooweiher waren Dutzende wertvoller Zierenten auf der Eisfläche festgefroren. Sie waren von den robusteren Stockenten vom letzten offenen Wasserloch vertrieben worden.

Ich musste mich vorne auf eine lange Holzsprossenleiter legen. Dann wurde ich zu den Braut-, Mandarin- und Krickenten geschoben. Ich wurde mit einer zweiten Leiter und mit Stangen fast bis zur Weihermitte manövriert. Dort angekommen, deckte ich einen Sack über die Tiere. Vorsichtig musste ich vorgehen, damit nicht zu viel vom schützenden Gefieder verloren ging und die Schwimmhäute nicht verletzt wurden. Unter mir knackte das dünne Eis. Noch nie in meinem jungen Leben war ich so durchgefroren gewesen und hatte so kalte Finger gehabt.

Nachdem alle befreit waren, bekam ich zur Belohnung warme Wurst und heiße Limonade.

Leichentransport

Eineinhalb Jahre war er nur alt, lag morgens ohne äußere Anzeichen tot im Gehege. Solche Tiere müssen zur Untersuchung zum staatlichen Veterinäramt. Ich war 15 Jahre alt, im ersten Lehrjahr, und wurde mit der heute undenkbaren Aufgabe betraut, das Tier in der Straßenbahn dorthin zu bringen. Der Mähnenspringer, schon in Todesstarre, bekam einen Begleitzettel mit verschiedenen Daten und vermuteten Symptomen ans Bein gebunden und wurde in eine Kleiefuttertüte verpackt. Gut verschnürt nahm ich ihn auf die Schulter und ging zur Linie 15.

Ich stieg versehentlich in die Bahn ein, die in die falsche Richtung fuhr. Nach zwei Stationen bemerkte ich meinen Fehler. Ich stieg aus, begab mich zur Haltestelle auf der gegenüberliegenden Seite und legte das nicht sehr leichte Tier auf einen Papierkorb. Schon war der erste Hund da: Ein Schäferhundmischling, der sich so intensiv mit meiner Fracht beschäftigte, dass ich sie wieder schulterte. Zwei weitere Hunde kamen aus der Grünanlage gegenüber. Nun flüchtete ich mit dem Tier huckepack auf eine Bank, um es möglichst weit von den drei Hunden zu entfernen. Ich sehnte die Linie 15 herbei. Als sie nach endlosen Minuten endlich eintraf, waren alle Türen verschlossen. Damals musste man sie noch mit der Hand entriegeln und aufschieben. Als ich eine endlich offen hatte, wäre beinah einer der drei Hunde mit in die Bahn geschlüpft. Nur durch heftige Tritte konnte ich ihn davon abhalten.

Krokodilstränen in Offenbach

Eigentlich hätte mir der Schweiß schon bei seiner Frage ausbrechen müssen. Ob ich ihm dabei helfen wolle, zwei Krokodile in Offenbach abzuholen, fragte mich Albert. Natürlich wollte ich, ohne zu wissen, worauf ich mich einließ. „Größer als du sind sie allemal“, meinte Albert, der spätere Reptilienpfleger, auf meine vorsichtige Nachfrage. Deshalb wollte der jetzige Besitzer sie abgeben.

Der Wiederaufbau des im Krieg zerbombten Exotariums ging dem Ende entgegen. Nach und nach wurden Aquarien und Terrarien besetzt. Für die Krokodilanlage waren größere Tiere vorteilhafter.

Am Tag darauf fuhren wir mit zwei vier Meter langen Krokokisten auf der Ladefläche nach Offenbach. Im Empfangszimmer einer Lederfabrikantenvilla sah ich das erste Mal lebende Krokodile. Sie befanden sich in einem Terrarium, 1,20 Meter breit und knapp 3 Meter lang, zum großen Teil mit einem 25 Zentimeter tiefen Wasserbecken ausgefüllt. Zur Zimmerseite ein Schaufenster, links und rechts je eine Tür mit Futterklappe.

Die armen Geschöpfe hatten sich sicher seit Jahren nicht mehr in die Augen geschaut. Eines lag mit dem Kopf nach links zur Tür, das andere nach rechts. Eine Möglichkeit sich zu drehen, bestand für die beiden, durch gutes Futter schnell gewachsen, nicht mehr. Sie hätten Grund gehabt, Krokodilstränen zu weinen. Haben sie vielleicht auch.

Um diesen Missstand zu beenden, waren wir da. Dabei hatten die Riesenechsen noch Glück. Sie teilten sich den Raum mit dutzenden Trophäen, die ringsum an den Wänden hingen. Mit ihren Glasaugen schauten uns die Opfer vieler Großwildjagden bei der Arbeit zu.

Als etwa 40 bis 50 cm große Echsen waren sie in das Terrarium eingesetzt worden, womöglich mit lebendem Futter verwöhnt, zur Ergötzung des Besitzers und seiner Gäste. Jetzt, fast zwei Meter gewachsen, sollten sie aus diesem Schaukasten in unsere speziell angefertigten Transportbehälter umgesetzt werden, einzeln, also ein Tier pro Kiste. Wie wir das wohl bewerkstelligen würden?

Auf Stühlen und Holzböcken wurde die erste lange Kiste direkt vor einer der beiden Türen verkeilt, die dabei geöffnet sein musste. Während Albert alles ordentlich festzurrte, fiel mir die Aufgabe zu, das Tier mit einem Schrubber daran zu hindern, sein Gefängnis vorzeitig zu verlassen. Allerdings rebellierte das andere Tier, das dies alles hinter seinem Schwanzende erlebte und den Artgenossen so beunruhigte, dass ich mit dem Schrubber eingreifen musste.

Plötzlich knallte mir der Stiel gegen die Schulter. Mit Schrecken stellte ich fest, dass ich nur noch zwei Drittel der Buchenholzstange in der Hand hielt. Der untere Teil samt Bürste lag neben der Zahnreihe des Krokodilmauls. So wie unsereins Salzstangen hatte das Tier das Werkzeug entzwei gebissen. Spätestens jetzt brach mir der Schweiß aus. Ein Donnerwetter von Albert musste ich über mich ergehen lassen, denn das Werkzeug wurde noch gebraucht.

Die Vorbereitungen waren getroffen, aber von selbst würde kein Krokodil in so eine dunkle Kiste steigen, schon gar nicht aus seiner vertrauten Umgebung heraus. Albert, der erfahrene Tierpfleger, war an der Reihe. Mit einem zweiten Putzwerkzeug am Stiel wollte er es nun von hinten drängen, in der Hoffnung, dass es nach vorne flüchten würde, direkt in die Kiste.
Ein paar Mal stupste er unsanft gegen den langen Schwanz, bis dieser so heftig um sich schlug, dass wir beide eine Fontäne der Krokodil-Brühe ins Gesicht bekamen. Gleichzeitig hatte Albert einen Wutanfall, denn nun hielt auch er nur noch den Stiel des Besens in der Hand. Dass ich etwas Genugtuung verspürte, lag nahe. Neben jedem Krokodilskopf lag jetzt ein Reinigungsgerät, die Kiste aber war immer noch leer.

Nach zwei langen Stunden waren endlich beide zum Abtransport bereit. Mit vereinten Kräften hatten wir sie in die Kisten ziehen können. Dies gelang mit Strickschlaufen um Kopf und Körper der Tiere.
Eigentlich hätten wir von dem Trophäenrudel an der Wand Applaus bekommen müssen, hatten wir ihm doch gute Unterhaltung geboten.

In dem großen Krokodilbecken des Exotariums wirkten die zwei eher klein. Nun erlebten sie allabendlich ein künstliches Tropengewitter. Oft hatten sie aber auch Kaugummis und Münzen auf ihrer Panzerhaut liegen. Dafür sorgten einige Zoobesucher, die feststellen wollten, ob die Tiere überhaupt lebten. In den nächsten Jahren hat sich die Größe der Tiere fast noch einmal verdoppelt.

Zirkusreif

Unser Chef Professor Bernhard Grzimek hat in seiner Eigenschaft als Verhaltensforscher nicht nur in Ostafrika Gumminashörner aufgeblasen und damit wildlebende Artgenossen konfrontiert. Im Film machten sich diese Aktionen gut, wenn die Gummiteile meterhoch in die Luft geschleudert wurden, weil sie als Reviereindringlinge empfunden wurden.

Solche Aktionen fanden auch im Zoo statt. Vor laufender Fernsehkamera steckte er Horst und mich in eine Zebranachbildung. Ich vorne aufrecht gehend, der etwas kleinere Horst in gebückter Haltung, sich an meinem Hosenbund festhaltend, hinten. Durch die Augenlöcher im Pappmaché-

Zebrakopf konnte ich die Situation ein wenig beobachten. Eigentlich sollten wir nicht sprechen. Aber die Angst, wo der Hengst zuerst hinbeißen würde, war groß. Ich flüsterte Horst zu, „ich glaube, die greifen von hinten an.“ Er konterte, „soviel ich weiß, immer von vorne.“ Womit er sicherlich Recht hatte.

Zum Glück hat der Hengst weder das Eine noch das Andere getan. Nach einer Stunde stiegen wir erleichtert mit roten Köpfen aus dem zirkusähnlichen Teil aus. Mit unserem Beitrag haben wir der Wissenschaft hoffentlich wesentliche neue Erkenntnisse geliefert.

Gut erinnere ich mich noch daran, wie einer der Journalisten Grzimek fragte: „Sind die eigentlich weiß oder schwarz gestreift?“ Grzimek, als hätte er die Frage erwartet, antwortete: „Wenn man bei der 9 den Punkt weglässt, könnte es auch problemlos eine 6 sein.“

Miss Olivia

Wenn der Oberwärter mit einem solchen Tempo sein Fahrrad direkt auf mich zu lenkte und mit quietschenden Reifen neben mir zum Stehen kam, dann musste etwas Aufregendes der Grund sein. „Du, zieh dir schnell eine frische Hose an, auch ein Hemd, du sollst mit der Sissi zum Römerberg. Da kommt von Spanien so eine Miss sowieso, da wird ein Esel gebraucht.“

Hätte er nicht schon die Eselin Sissi genannt, hätte ich allen Grund gehabt beleidigt zu sein. So aber machte ich mich halbwegs schick auf zum Eselstall. Dort erwartete mich der Zoofahrer mit Pferdeanhänger. Der war bald mit Stroh ausgestreut. Sissi musste einige Striegeleinheiten über sich ergehen lassen. Sie war eine Eselschönheit. So hatte ihr Name etwas mit Romy Schneider zu tun, die damals die Kaiserin Sissi im Film verkörpert hatte.

Die Eselin war einiges gewöhnt. Zur Nikolauszeit Anfang Dezember war sie mit einem als Nikolaus verkleideten Tierpfleger zu Feiern in Kindergärten unterwegs, was ja keine allzu große Herausforderung für eine Eselin war. Sissi aber musste bei diesen Gelegenheiten öfter mit der Straßenbahn fahren, was die Sache schwieriger machte. Schon deshalb war ein Knecht Ruprecht als Schieber immer von Vorteil.

Auf dem Römerberg erwarteten uns Pressefotografen und Rundfunkleute. In ihrer Mitte eine hübsche Spanierin, fast sah sie aus wie eine Flamenco-Tänzerin. In ihren Händen hielt sie ein großes Tablett mit einer Pyramide aus grünen Oliven, gefüllt mit Paprika. Für den Export dieser Früchte wollte und sollte sie für ihr Land werben.
Sissi war bald so postiert, dass der Römer im Hintergrund gut als Frankfurter Wahrzeichen zu erkennen war. Dann setzte sich Miss Olivia, so ihr offizieller Titel, im Damensitz auf den Eselsrücken. Mit dem Oliventablett bewaffnet, begann sie, Passanten zu füttern. Leider überquerten an diesem Vormittag nicht allzu viele den Römerberg. Somit gehörte ich als Eselhalter immer mit zu den gefütterten. Die Kameras klickten, ich aber konnte Oliven nicht ausstehen. Deshalb füllte sich mein Mund zusehends.Sicher sah ich aus wie ein Pavian. Bei denen ist es üblich, Futter in den Backentaschen zu sammeln. Kurz vorm Unwohlsein leerte ich meinen Mund direkt vor den Vorderhufen von Sissi aus, in der Hoffnung, sie hätte daran Interesse. Aber das Gegenteil war der Fall. Sie scharrte die gesammelten Früchte mit festem Huftritt unter sich. So kam nicht nur die

Miss, sondern auch die Olivenpyramide arg ins Schwanken. Sie sprang mit Schrecken vom Eselsrücken und setzte mit festem Boden unter den Füßen die Verteilung fort.

Im Anschluss waren alle eingeladen in der Gaststätte zum Salzhaus. Mein Fahrerkollege wollte sich das auf keinen Fall entgehen lassen. Auch Sissi wollte er unbedingt dabei haben. Ich wehrte mich heftig, konnte ich mir doch sehr gut ausmalen, was nicht nur ihre Hufe auf dem Gaststättenparkett anrichten würden, und das alles wegen einer Limonade.

Ich wartete draußen beim Fahrzeug. Der Fahrer ging mit Sissi im Schlepptau in die Gaststätte. Das Bier und die spanischen Spezialitäten lockten. Nach etwa 10 Minuten kam er herausgeeilt. „Du, komm mal schnell rein, die hat alles vollgeschissen." —„Weißt du was, du kannst mich mal hinten rumheben, das ist dein Problem." So musste der Fahrer zum ersten Mal als Tierpfleger arbeiten. Aber der Umgang mit den „inneren Werten" soll ja Glück bringen.

Kamelgeist

Die Trampeltierstute Kara sollte an den Straubinger Tierpark abgegeben werden. Das konnten wir Pfleger nicht verstehen, denn sie war eine Kamelschönheit. Ihre Höcker standen gesund hoch und prall gegen den Himmel. Trampeltiere haben im Gegensatz zum einhöckrigen Dromedar zwei Höcker. Sicher war das auch der Grund, weshalb wir jungen Tierpfleger bei ihrem Anblick oft an Sofia Loren dachten.

Lisa, die zweite Stute, schon etwas älter, hatte hängende Höcker, einer nach links, der andere nach rechts. Sie wurde nicht verkauft, weil sie regelmäßig Nachwuchs bekommen hatte. Das war bei Kara noch nie der Fall gewesen. Somit war der Verkauf verständlicher. Kamelfohlen sind für Zoobesucher eine besondere Attraktion.

Offenbar waren meine Reiseerfahrungen und meine Reiselust der Grund, dass ich ihren Umzug nach Bayern im Güterzug begleiten durfte. Ich war begeistert.

Ein ausgewachsenes Kamel kann in einem Güterwagen sehr gut stehen, durch das gewölbte Dach ist er ausreichend hoch. Die Zugangstüren sind allerdings so niedrig, dass die Höcker anstoßen. Ein Problem, das wir mit Lisa nicht gehabt hätten. Schon Tage vor der Abreise trainierte ich deshalb mit Kara verschiedene Kommandos. Zum Beispiel Legen, Aufstehen und sonstigen Gehorsam. Aber Bücken und in gebückter Haltung gehen war ihr nicht beizubringen.

Der Abreisetag war gekommen. An einem kalten Februarabend verabschiedeten sich meine Kollegen von uns am Ostbahnhof. Schon vor meinem Eintreffen hatten sie Kara in den Waggon gebracht. Dazu reichlich Rüben, Heu und vor allem Strohballen, damit auch ich mir eine kältegeschützte Ecke bauen konnte. Kara stand in Fahrtrichtung angebunden auf einer dicken Strohmatratze. Wasser brauchten wir nur für mich. Zwanzig Güterzugstunden sind für ein Kamel kein Problem.

Durch einen Spalt konnte ich nach draußen schauen und feststellen, wie unser Wagen an immer mehr Waggons angekuppelt wurde. Kara hörte viel früher als ich, wenn wieder neue Wagen auf uns zugerollt kamen. Anfänglich war sie nur mühsam zu beruhigen.

Es war schon fast Mitternacht, bis sich der lange Zug endlich Richtung Nürnberg, Regensburg, Straubing in Bewegung setzte. Übermüdet setzte ich mich auf mein Strohballensofa und schlief alsbald ein. Geweckt wurde ich durch einen heftigen feuchten Druck in meinem Gesicht, das nur wenig aus der Kapuze des wattierten Anoraks herausschaute. Nach dem ersten Schreck war mir klar, dass Kara sich abgerissen hatte. Mit Händen und Füßen und mit einem Wortschwall drückte ich sie von mir weg.

Es war stockdunkel, mitten in der Nacht. Als ich endlich meine Lampe einschalten konnte, stockte mir fast der Atem. Mitten im Waggon stand ein blütenweißes Trampeltier. Wie Zuckerhüte ragten Karas Höcker in das Dunkel. Aus den Nüstern drangen mit jedem Atemzug dampfende Fontänen. Was war geschehen? Kara hatte vor Aufregung geschwitzt. Ihr Fell war von Kopf bis Fuß mit Raureif bedeckt. Während ich schlief, hatte sie sich mit dem Kopf aus dem Halfter befreit. Später, beim An- und Abkoppeln neuer Waggons zwischen Würzburg und Nürnberg, erfuhr ich, das die Temperatur minus 10 Grad betrug.

Am späten Nachmittag trafen wir endlich am Zielort Straubing ein. Zoodirektor Schäfer und der künftige Pfleger samt örtlicher Presse erwarteten uns. Nun hatte Kara aber nicht die geringste Lust, ihre neue Heimat zu betreten. Schließlich, mit gutem Zureden und sanfter Gewalt, gelang es mir, sie zur Hälfte aus dem Waggon zu bringen, also ein Höcker draußen, ein Höcker drinnen. So stand sie minutenlang. Ich ließ sie niederknien und zog sie beim Aufstehen kräftig nach vorn. So gelang es mir, sie auf Straubinger Boden zu bringen.

Bis zur Dunkelheit stand uns noch ein Marsch zum Tierpark bevor. Unterwegs begleiteten uns zeitweise acht Hunde verschiedener Rassen. Kamen sie ihr zu nahe, zögerte sie nicht, nach ihnen zu spucken, worauf die Hunde jedes Mal das Weite suchten.

Erschöpft erreichten wir ihr neues Zuhause. Etwas kleiner als in Frankfurt, aber schön. Ihr neuer Hengst war sichtlich angetan. Er war seit einigen Monaten Witwer. Die erste Nacht mussten sie getrennt verbringen, aber danach waren sie ein Herz und eine Seele.

Das Angebot, im Hotel zu schlafen, war mir in Anbetracht meines Kamelschweißgeruchs nicht sehr genehm. Besser gefiel mir die Möglichkeit, bei einem Kollegen in der Dienstwohnung mitten im Tierpark zu nächtigen. Lange saßen wir nach dem Abendessen zusammen mit dem Direktor und erzählten Zooanekdoten. Dabei wurde ich auch gefragt, wieso wir die schöne Kara abgeben, statt der Lisa. Da musste ich lügen, Lisa würde bald ein Fohlen bekommen, bei Kara sei das nicht so sicher. Im Nachhinein kann ich sagen, Lisa bekam nie mehr Nachwuchs, Kara aber vier Monate später in Straubing ihr erstes Fohlen. Der Frankfurter Hengst war der Vater, bei einer Tragzeit von 13 Monaten ganz natürlich.

Spät gingen wir bei eisiger Kälte durch den stockdunklen Park zur Wohnung des Kollegen. Seine Frau schlief schon lange. Bei schwachem Licht konnte ich in der Küche Dutzende kleiner Vogelkäfige sehen. Kaum eine Fläche ohne Käfig. Er züchte Kanarienvögel, flüsterte er mir zu. In der Hoffnung, seine Frau nicht zu wecken, schlichen wir im Taschenlampenschein in das Schlafzimmer. Erst jetzt eröffnete er mir, dass ich mit im Ehebett schlafen musste, in Ermangelung einer anderen Möglichkeit.

Im Nachhinein war das lustig, in der Nacht sah das aber so aus, dass wir wie die Kaffeelöffel in der Schublade im Bett

lagen (er übrigens in der Mitte). Immer, wenn sich einer umdrehte, mussten die andern das gleiche tun. Jede Matratze hatte eine tiefe Schlafkuhle. So lag der Kollege mal mehr bei mir, mal mehr bei seiner Angetrauten.
Der Gesang der Kanarienhähne machte den Wecker am Morgen überflüssig. Nach diesem Konzert stellte ich fest, dass es auch im Schlafzimmer keinen waagerechten Platz gab, auf dem kein Kanarienvogelkäfig stand. Seiner Ehefrau hatte er von dem nächtlichen Gast vorher nichts erzählt.

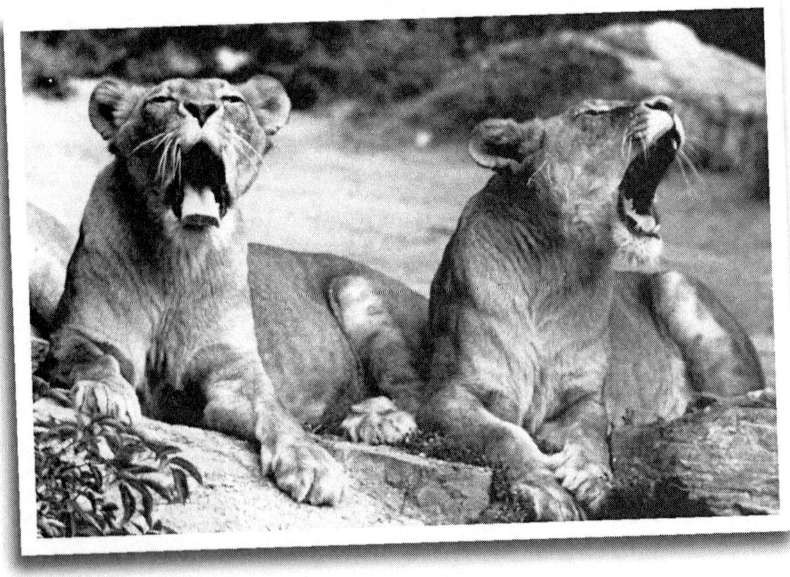

Deichselhirsch

Die Zubereitung, beziehungsweise die Portionierung der Fleischmahlzeiten war dem Raubtierpfleger selbst überlassen. Geliefert bekam er allmorgendlich große Rippenteile, Keulen, Hals vom Rind und vom Pferd.

Montags war Fasttag. Für die Zootiere ist dieser sehr wichtig. Auch in Freiheit gelingt es nicht, täglich Beute zu machen.
Dienstags aber, wenn alle besonders hungrig waren, gab es eine spezielle Mischung aus Fleisch, Getreide, Innereien und Gemüse, mit Mineralien und Vitaminen angereichert. Die Besucher konnten dem Wärter durch ein Fenster und eine Glastür beim Zerlegen und dem Hacken auf dem großen Klotz, wie er auch beim Metzger üblich ist, zuschauen.

Während die Frauen meist mit gerümpften Nasen eilig weitergingen, riskierten die Männer eher einen Blick und klopften manchmal an die Tür, um zu fragen welches Fleisch ich verarbeitete.
Genau diese Situation trug sich morgens zu. Ein Ehepaar kam ins Raubtierhaus, die Frau ging naserümpfend weiter, er öffnete die Tür der Fleischkammer einen Spalt, fragte, „was gibt es denn heute Gutes?“ Ich: „Deichselhirsch“ – Er: „Oh, das hört sich gut an.“ Er rief seine Frau: „Komm mal her, weißt du was die für gutes Fleisch bekommen? Deichselhirsch.“ Sie brach in schallendes Gelächter aus. „Der meint doch Pferd,“ klärte sie ihn auf. Als ich das bestätigte, musste auch er, wenn auch etwas gequält, lachen.

Finger mit Edelpelz

Mit der morgendlichen Fleischzubereitung für Tiger, Löwe und Co. war ich gerade beschäftigt, als durchdringendes Schreien an mein Ohr drang. Ich ließ alles stehen und liegen, rannte nach draußen.

Direkt gegenüber befand sich das Kleinsäugetierhaus. Vor dem Haus, etwa 20 Meter entfernt, drehte sich mein Kollege Heinz wie wild im Kreis. Mit der linken Handfläche hielt er sich die Augen zu, schrie wie am Spieß: „Gebt mir eine Spritze, gebt mir eine Spritze."
An seiner rechten Hand hing der schwarze Nerzkater, dessen Käfig er gerade gereinigt hatte, unmöglich ihn abzuschütteln. Das edle Pelztier hatte einen Beißkrampf und zwischen den nadelscharfen Zähnen, die in Freiheit zum Fischfang dienen, befand sich der Zeigefinger des Kollegen. Mit geübtem Griff packte ich das Tier im Genick und tauchte es in das Putzwasser. Jetzt hatte es keine Wahl, mit dem ersten Atemzug drang ihm Wasser in die Nase, es löste den Biss und gab den Finger frei. Nach gründlichem Nachspülen mit klarem Wasser, denn das Putzwasser enthielt ein Desinfektionsmittel, wanderte es in seine Behausung zurück.

Auch Heinz musste nachspülen und wanderte ins nahe Krankenhaus. Mit durchgebissenem Fingernagel war er einige Wochen krank. Zukünftig schaute er genau, ob sich der Nerz im rechten oder linken Schlafkasten befand, bevor er hineingriff. Zum Glück ist der Nerz bei dieser Aktion nicht entwischt, sonst hätten die Enten am Weiher unruhige Zeiten gehabt.

Eine ganz ähnliche Situation hatten wir Jahre später an

gleicher Stelle. Ein Potto, eine Nachtaffenart, sollte in die USA verschickt werden. Ich hielt das Transportkästchen bereit, während mein Kollege Gerhard den Potto im Käfig fangen wollte. Plötzlich ein Knacken wie eine Nuss im Nussknacker, ein Fluchen, der Potto hatte ihm den Daumennagel durchgebissen. Er, der Potto, flog trotzdem drei Stunden später Richtung USA.

Nilgauantilopen-Transport

Die Nilgauantilopen sollten an einen anderen Zoo abgegeben werden, weil die Max-Schmidt-Anlage mit anderen Tierarten besetzt werden sollte. Dafür mussten die Tiere in Transportkisten. Freiwillig geht da kein Tier rein. Also musste nachgeholfen werden. Ich als Lehrling war nur Zuschauer. Vier erfahrene Kollegen gingen mit Drückbrettern, zwei Meter hoch und zwei Meter breit, mit Haltegriffen, zum jeweiligen Tier in den Stall.

Nach kurzem Geschubse und Gedrücke waren die drei weiblichen Tiere in ihren Kisten. Der Bock, ein kräftiger kapitaler Kerl, machte Probleme. Es waren zwar keine Hilferufe, aber die Stimmen, die zu uns nach draußen drangen, klangen ängstlich oder verzweifelt. Durch einen Türspalt konnten wir nun sehen: Drei Kollegen lagen unter einem der Bretter, nur Kopf und Beine schauten heraus. Der Bock stand mit den Vorderbeinen auf dem Brett. Der vierte Kollege suchte Schutz hinter dem zweiten Brett. Ähnlich wie Jäger es sonst tun, stand der Bock mit den Vorderfüßen oben auf als vorläufiger Sieger. Letztendlich landete er aber doch in seiner Kiste.

Unzucht mit Mäusen

Von Freilebenden soll hier die Rede sein. Die gibt es auch im Zoo.

Mäuse und Sperlinge leben auch heute noch zahlreich in allen Zoos. In den 50er und 60er Jahren gab es im Frankfurter Zoo so viele Sperlinge, wie heutzutage im ganzen Stadtgebiet übrig geblieben sind. Nachdem alle Kriegsruinen beseitigt waren, herrschte Wohnungsnot. Mäuse haben es etwas einfacher. Das große Problem war nicht etwa das Mitessen, sondern vor allem ihre Hinterlassenschaft in Futtertrögen und -näpfen. Die Mäuse zu vergiften, die einfachste Methode, ging nicht. Denn wenn die vergiftete Maus es zum Sterben noch zu einem Tier in die Unterkunft schafft, konnte dies zu einem unerwünschten Doppelerfolg führen. Vorausgesetzt, Mäuse gehörten zum Speiseplan des jeweiligen Tieres.

Deshalb sollte das Pflegepersonal für einen kurzen Zeitraum Sperlinge und Mäuse auf andere Art dezimieren. Dazu musste ein Anreiz her. Für einen Mäuseschwanz oder ein paar Sperlingsbeine gab es 10 Pfennige. Manche Kollegen brachten es dabei zu ordentlichen Sümmchen. Das lag zum einen daran, dass es Reviere gab, die für solche Mitesser interessant waren, aber auch an der Schläue einiger Kollegen.

Der Pfleger, der für die Zeburinder zuständig war, hatte das Heu in den dafür vorgesehenen Raufen wochenlang nicht ausgetauscht. Das täglich neue Futter wurde von ihm unten an der Wand entlang dargeboten. Von dieser Vorgehensweise hatte er mich nicht unterrichtet, als ich mir für eine Fünftagevertretung Instruktionen holte. Schon am ersten Morgen nach dem Ausmisten verwendete ich das alte Heu, den Inhalt von vier verschiedenen Raufen, mit zur Einstreu auf dem Boden. Unglaublich was da für ein Leben drin war. Vom festen Wohnsitz über Mäuse-Hotels und -Jugendherbergen war offenbar alles vorhanden. Ein Großteil der fast 40 von mir erwischten Mäuse verschwand schon kurze Zeit später, allerdings ohne Schwanz, in den Mägen der in der Nachbarschaft stehenden Marabus.

Nach meiner Vertretung kam mit hochrotem Kopf der Zebuwärter und Mäusezüchter morgens zu mir geeilt, um mir mitzuteilen, dass ich wohl total verrückt sei. Ich hatte ihm seine gesamte Mäusezucht zunichte gemacht. Der Oberwärter sagte später: „Da hast du aber was angestellt, der ist mit den Nerven total fertig.“ Auf meinen Einwand, das könne doch nicht Sinn der Aktion sein, das sei doch kontraproduktiv, sagte er: „Ja schon, aber der braucht das Geld, ich glaube, sein Sohn studiert.“

Einer, der diese Nummer noch übertraf, hatte eine perverse Methode. Er soll den lebend gefangenen Mäusen einfach die Schwänze abgeschnitten haben. Somit konnten sie sich für ihn Gewinn bringend weiter vermehren.

Es gab noch einen sehr erfolgreichen Spatzenfänger. Seine Methode könnte Nachahmer finden. Deshalb, und im Interesse der Vögel, dazu keine weiteren Erläuterungen.

Verkehrte Welt

In Gegenwart von Zoobesuchern die Hinterlassenschaften von Tieren zu beseitigen, war am Anfang meiner Lehrzeit eine Herausforderung. Bis ich mir endlich darüber klar war, deshalb arbeitest du ja hier. Viel unangenehmer war mir später allerdings das Töten von Futtertieren oder das Verfüttern lebender Tiere an Schlangen.

Eine meiner Tanten wollte es einfach nicht glauben, dass ihr Neffe, der tierliebe Kerl, jetzt so etwas grausames fertig brachte. Sie wollte immer genau wissen, „wie macht ihr die denn tot?" Solche Fragen wiederum fand ich etwas pervers.

Wenn ich an Feiertagen die kleinen, goldgelben kuscheligen Eintagsküken verfütterte, hörte ich von Seiten der Besucher sofort: „Oh, die armen lieben Kleinen." Manche, die sich so äußerten, hatten noch das Putenfett vom Festtagsbraten am Mundwinkel.

Wenn ich aber die Küken vorher nass gemacht habe, fanden die Besucherinnen diese nicht mehr so süß und das Verfüttern war ihnen dann gleichgültig.

Wenn ich bei Hühnchen-Zuchtbetrieben einen Vorrat von ein bis zwei Zentnern abholte, lag dort mitunter weit über eine Tonne frisch getöteter Küken, die als Hennen aussortiert worden waren. Mit mir zur gleichen

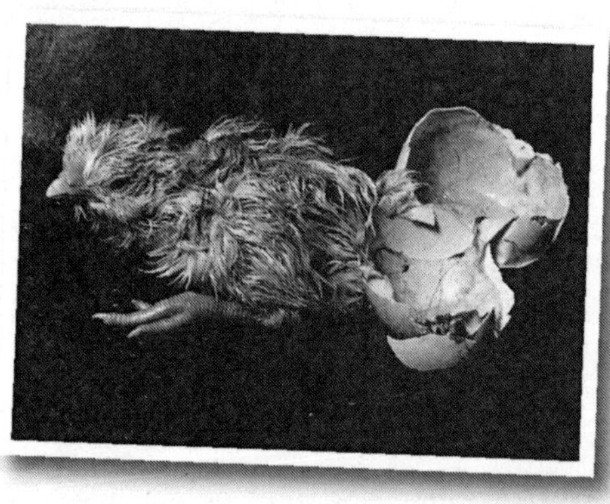

Zeit haben dort auch Frauen mit Pelzmänteln Küken für ihre Perserkatzen geholt. Es gab allerdings auch immer Frauen, die mit Mänteln aus dem Fell gefleckter Katzen in den Zoo kamen. Einfach um das, was sie – grausam umgebracht – am Leib trugen, einmal lebend zu sehen.

Willis Revier

Das so genannte Büffelhaus, Willis Revier. Wie der Name schon sagt, ein Haus für Rinder, zumindest äußerlich. Für mich das schönste Haus im Zoo. Anno 1948 gebaut und reetgedeckt. Auf dem Boden über den Ställen lagert Stroh und Heu. Noch nach meiner Lehrzeit brüteten Schleiereulen dort im Dachfirst. Zu dieser Zeit lebte auch eine Herde der für Zoobesucher so attraktiven Watussirinder dort, mit ihren gewaltigen Hörnern sowohl was den Umfang als auch die Länge betrifft. Ein Bulle, drei Kühe, oft mehrere Jungtiere.

Erst wenn sich abends alle für die Nacht im Innenstall befanden, begab sich Willi, ihr Pfleger, zu ihnen. Verteilte aus einer großen Wanne Rübenschnitzel und Quetschhafer in die langen Tröge. Dieses Kraftfutter hätte er auch schon vorher im Stall verteilen können. Das kam Willi nicht in den Sinn. Er bewegte sich lieber zwischen „seinen" Tieren in einem Gewirr von fast einen Meter langen Hörnen. Schon ein Abenteuer beim Zusehen. Als er mich für eine Vertretung anlernte, sagte ich ihm gleich, dass mir das zu riskant sei. Er konterte: „Große Klappe, aber Schiss in den Hosen."

Eines Abends stand Willi mit einer langen Platzwunde am Kopf vor mir im benachbarten Hirschhaus. Offensichtliche Schadenfreude wäre jetzt ganz falsch gewesen. Ich sagte: „Oh je, das muss im Krankenhaus genäht oder geklammert werden." Worauf er so weiß wie ein Betttuch wurde. Erst der herbeigerufene Oberwärter konnte ihn überzeugen, zum Arzt zu gehen. Er möge sich aber vorher umziehen, damit nicht das ganze Krankenhaus nach Kuhstall rieche, sagte er.

Mit dickem Verband um die Stirn, über der acht Zentimeter langen genähten Platzwunde, erschien Willi morgens zum Dienst. Er sei der tapferste Patient seit langem gewesen, teilte er mir stolz mit.

An einem Sonntag musste ich das erste Mal Willi in seinem Revier vertreten. Nach etwa einer Stunde Fahrzeit mit drei verschiedenen öffentlichen Verkehrsmitteln erreichte ich den Zooeingang. Dort nahm ich meinen Revierschlüssel in Empfang und machte mich auf den Weg zum Umkleideraum. Dabei musste ich zunächst das große Zoogesellschaftshaus umgehen. Dieses Haus wirkte an dem Morgen wie eine Schallschutzmauer. Denn kaum hatte ich es passiert, drang aus der Zoomitte ein infernalisches Kuhblöken an meine Ohren. Mein erster Gedanke: Das können nur die Watussirinder sein. Bei ihnen angekommen, drang ein Kuhkonzert aus den Stallfenstern, als würden Messer wetzende Metzger vor der Tür stehen. Auf die Außenanlagen gelassen, wo Klee und Heu ausgebreitet lagen, beruhigten sie sich sofort. Das Gleiche tat Willi morgens bereits um 6 Uhr. Um diese Zeit verließ ich gerade das Bett. Willi hatte nur fünf Minuten Fußweg.

Das Büffelhaus allein war für eine Pflegekraft zu wenig Arbeit. Deshalb gehörte der Schafsberg dazu. Steinböcke, Mähnenspringer aus den nordafrikanischen Wüstengebirgen und Mufflons waren dort untergebracht und zu versorgen. Den Mufflonwidder mit seinem kräftigen runden Schneckengehörn musste ich während des Auskehrens ständig im Auge behalten. Er verteidigte sein kleines Revier gegen jeden Eindringling. Davon war auch ich nicht ausgenommen.

Bis die in den Trögen verteilte Tagesration Hafer und Rüben aufgefuttert war, hatte ich gerade das erste Drittel der Anlage gekehrt. Dann stellte er sich, wie man es von Schafböcken kennt, auf die Hinterbeine, legte den Kopf etwas zur Seite und begann seine Scheinangriffe. Zwischen ihn und mich stellte ich immer den Korb, der für die zusammengekehrten Knöttel gedacht war. Eine kurze Unachtsamkeit - ein Besucher fragte nach dem Weg zum Vogelhaus - reichte ihm. Mit seinen großen Hornschnecken knallte er mir von hinten in die Kniekehlen.

Bäuchlings lag ich auf dem Kunstfelsen. Schon kam sein nächster Angriff. Noch am Boden liegend griff ich ihn an seinen Hornschnecken, immerhin hatte ich etwas mehr Körpergewicht als er und im Bodenkampf als trainierter Judokämpfer Erfahrung.

Das Gehege musste noch großteils gereinigt werden. Wegsperren war nicht möglich. Da hatte ich eine geniale Idee. Ich zog ihn in eine Gehegeecke, steckte den Stiel des Reisigbesens durch beide Hornschnecken und gleichzeitig links und rechts in das Gehegegitter. Nun stand er da gefangen, während ich gefahrlos weiter arbeiten konnte.

In Freiheit passiert es gelegentlich, dass die Widder sich bei Scheinkämpfen mit jungen Bäumen mit einer ihrer Hornschnecken regelrecht einhängen, dann bis zur Erschöp-

fung im Kreis laufen und schließlich verhungern. Auch bei Revierkämpfen der Schafböcke kommt es vor, dass sie sich ineinander verhaken. Dann müssen beide gemeinsam das Zeitliche segnen. Die weiblichen Tiere haben dagegen nur kurze Hornspitzen. Meinen Kontrahenten habe ich nach einer halben Stunde wieder aus seiner misslichen Lage befreit.
Bei meinem nächsten Dienst im Revier ging er mir in einem großem Bogen aus dem Weg.

Von Willi aber bekam ich prompt Besuch. Wie ich mit seinen Tieren umginge, polterte er los. Vermutlich hatte ein Abonnent die Aktion beobachtet und ihm zugetragen. Er wolle mich nicht mehr als seinen Vertreter. Natürlich konnte er das nicht entscheiden. Es hätte für mich allerdings den Vorteil gehabt, nicht schon morgens um 4 Uhr aus den Federn zu müssen, nur um das Kuhkonzert zu vermeiden. Zumal der Dienst bis 19 Uhr ging. Wenn ich nach Hause kam, waren meine Freunde mit normalen Berufen schon vom Schwimmen wieder zurück.

Als entschieden war, dass die Bisons im Frankfurter Zoo abgeschafft werden sollten, war Willi nicht begeistert. Das Paar war in einer der beiden Seitenanlagen seines Hauses im offenen Stall untergebracht. Um die Tiere in die großen Transportkisten zu bekommen, wurde ihnen ihre Futterration in den Kisten dargeboten. Dies war für den Bullen kein Problem, schon die erste Mahlzeit nahm er in der Kiste zu sich. Am liebsten hätte er sich auch die Portion der Kuh noch zu Gemüte geführt. Ihre Kiste aber war für ihn etwas zu schmal.

Die Bisonkuh dachte nicht daran, in die Kiste zu gehen, selbst nach vier Tagen nicht. Nun wurde der Bulle zunächst allein auf die Reise geschickt. Das Futter seiner Kuh wurde täglich, da unberührt, erneuert. Selbst nach zehn Tagen hatte sie immer noch keinen Schritt in das Transportbehältnis getan, trotz der Äpfel und Karotten. Was uns Tierpfleger langsam stutzig machte: von Gewichtsverlust keine Spur.

Noch viel interessanter aber war, dass sie täglich immer noch ihre Misthaufen verteilte. Mit nur Wasser und nach zehn Tagen eigentlich unmöglich. Nun hatten wir einen Verdacht. Der Oberwärter legte sich nach Dienstschluss und Zooschließung auf die Lauer. Schon bald nach Einbruch der Dunkelheit näherte sich eine Gestalt. Es war kein anderer als Willi.

Mit fünf Minuten Fußweg war es kein Problem, „seine" Bisonkuh allabendlich mit dem nötigen Futter zu versorgen. Wir alle seien Tierquäler, rechtfertigte er nach der Rüge sein Tun. Danach ging auch die Bisonkuh bald auf die Reise zu ihrem Bullen.

Nicht jedem Pfleger gelingt es, zu seinen Tieren ein so gutes Vertrauensverhältnis herzustellen. Als damals nach den Watussirindern die große Anlage mit Grevyzebras besetzt wurde, hatte Willi zu dem noch jungen Hengst eine besonders gute Beziehung. Er nannte ihn „Bubelche". Wenn er draußen auf der Freianlage vor Publikum den Rücken massierte, genoss das sein gestreifter Freund sichtlich. Er streckte Kopf und Schwanz in die Höhe, alle Viere etwas von sich. Das tun Zebras auch in Freiheit, wenn sich Madenhacker-Vögel auf ihnen niederlassen und sie von lästigen Parasiten befreien.

Ein neuer Mann, aus der Landwirtschaft kommend, hatte sicher gute Voraussetzungen für die Arbeiten in diesem Revier. Auch hatte er Gefallen daran, seine Tiere gut zu behandeln. Sicher hatte er Ähnliches mit Pferden erlebt. Doch schon am zweiten Tag seiner Probezeit im Büffelhaus machte er einen großen Fehler. Willi war zum Essen gegangen. Diese Abwesenheit nutzte der Neue und ging nach draußen zu den Zebras, um sie zu kraulen. Für den etwa zweijährigen Hengst war er ein Fremder, einer, mit dem er nicht sein Revier teilen wollte. Kurzerhand stieß er ihn zu Boden und biss ihn in die Hüfte. Er schleppte ihn mehrere Runden um die Anlage, alle Stuten hinterher. Erst durch sein verzweifeltes Schreien haben die Zoobesucher erkannt, dass das kein Spaß war. Ebenfalls schreiend und in die Hände klatschend versuchten sie, den Hengst zu beeinflussen. Durch diesen Tumult wurden wir Tierpfleger aus den umliegenden Revieren alarmiert.

Ich musste mehrere Papierkörbe in die Anlage werfen, bis der Hengst den Mann los ließ. Als ihm die Tür nach innen geöffnet wurde, ist der Hengst zum Glück sofort in den Stall gerannt. Der Landwirt hat nach dem Krankenhausaufenthalt seine Probezeit nicht fortgesetzt.

Balzlappen

Auffällig beim kleinen Heinz war: Er trug fast immer eine Krawatte, einen Schlips. In unserem Beruf eher unüblich, in der Vogelwelt häufig. Deshalb lag es nahe, dieses Teil, bei Heinz meist mit großen Blumen bedruckt, Balzlappen zu nennen.

Heinz hatte sehr gute ornithologische Kenntnisse. Längere Zeit waren wir zusammen im alten Vogelhaus tätig. Eines Tages erhielten wir eine Lieferung afrikanischer Finken. Gleich nach ihrer Ankunft setzten wir sie aus den engen Transportbehältnissen in eine größere Voliere um. Frisches Wasser, fast alle nahmen gleich ein Bad. Auch eine reichhaltige Körnermischung wurde ihnen angeboten. Grüne Zweige am Gitter sollten ihnen die Eingewöhnung erleichtern.

Jetzt wollten die Besucher wissen, wie die Neuankömmlinge hießen. Heinz, wegen der ständigen Nachfrage genervt, schrieb ein provisorisches Namensschild: Goldbrüstchen, Orangebäckchen, Schmetterlingsfink. Kaum noch Fragen der Besucher, gelegentlich, woher sie kamen. Nach dem Zusatz: „Alle Ostafrika“ war Ruhe.

Bis der wissenschaftliche Assistent des Direktors und Vogelkurator kam, um sich vom Zustand der Neuankömmlinge ein Bild zu machen. Das provisorische Schild schien ihn mehr zu beschäftigen als die Vögel. „Wieso hängen Sie da einfach ein Schild hin?“, fragte er. Heinz: „Damit uns die Besucher kein Loch in den Bauch fragen.“ „Nicht einmal ich weiß die exakt zu bestimmen, also weg damit.“ Auf das offizielle Provisorium warteten wir dann 14 Tage.

Kurze Zeit später kam Uwe in das Vogelhaus. In einer Brötchentüte brachte er uns einen Vogel. Er sei beim Bäcker gegen die Schaufensterscheibe geflogen und benommen liegen geblieben. In der Tüte befand sich ein Baumläufer, wie ich gleich feststellte. Heinz wusste sogar, dass es ein Gartenbaumläufer war. Uwe: „Der Vogeldoktor hat ihn auch schon gesehen, auf dem Weg zum Büro. Komisch, er sagte, das sei ein Nektaride, ein weiblicher. Zur genauen Bestimmung brauche er aber Literatur.“ Ein Nektarvogel im kalten Februar im Frankfurt nahen Kelsterbach. Beim Mittagessen hatten wir unseren Spaß.

Natürlich konnte ich es nicht lassen, den immer so pingeligen Vogelexperten bei nächster Gelegenheit zu fragen, ob er Baumläufer kenne. „Ich glaube schon, wieso?“ „Vorgestern in der Bäckertüte das war einer.“ „ Ach, ein Europäer also.“

Adolf

Nicht wegen seines gefährlichen Aussehens, sondern wegen einer gewissen Ähnlichkeit, hieß er Adolf. Der afrikanische Warzenschweineber mit seinen namensgebenden Auswüchsen am Kopf wirkte auf die Besucher furchteinflößend. Wir Pfleger hatten einfach Respekt vor ihm, denn wir kannten seine unter Hautfalten versteckten Hauer.

Vor allem an sehr kalten Tagen in den Wintermonaten hatten wir ein Problem. Wir konnten ihn samt seiner Partnerin nicht in das Außengehege lassen, mussten zur Reinigung in sein kleines Revier. Zum Glück sind Schweine saubere Tiere, haben meistens eine gemeinsame Toilette, einen Kotplatz. Nur mit einem Trick gelang es uns, den Stall zu säubern und unbeschadet wieder zu verlassen. Dieser bestand darin, den Schrubber an einem langen Stiel befestigt über seinen Kopf zu halten. Somit war er nach oben orientiert. Wer dies missachtete oder gar unterließ, hatte schlechte Karten.

Der erste, den er erwischte, war ein erfahrener älterer Kollege. Sehr lange rief er vergebens um Hilfe, bis man ihn endlich hörte und schwer verletzt fand.

Dieses spielte sich im Rundbau ab, einem Tierhaus im Randbereich des Zoos. Wie fast alle Häuser damals noch ohne Telefon. Zudem von Besuchern wegen des als unangenehm empfundenen Geruchs gemieden.

Fortan hatten alle, die dort zum Dienst eingeteilt wurden, noch mehr Respekt vor Adolf. Nur der Revierpfleger hatte scheinbar keine Probleme. Als der Verletzte, nach Wochen zumindest äußerlich genesen, wieder zum Dienst kam und wir seinen von Narben übersäten Körper in Augenschein nahmen, trieb es uns den Schweiß auf die Stirn. Jetzt konnte man nur noch Schiss vor Adolf haben.

Seit diesem Vorfall mussten alle Tierpfleger eine Trillerpfeife an einem Band um den Hals tragen, um gegebenenfalls auf sich aufmerksam machen zu können.

Der Vorfall geriet dann langsam in Vergessenheit. Eines Vormittags, ich hatte Dienst im Giraffenhaus, kam Uwe kreidebleich angehumpelt. Adolf hatte ihn erwischt. Ich dachte, zum Glück „nur“ am Oberschenkel. Die Schwellung um die Verletzung sprengte fast die blutdurchtränkte Arbeitshose. Ohne lange zu überlegen, setzte ich Uwe auf eine Schubkarre und raste mit ihm los, quer durch den Zoo zum Krankenhaus der Barmherzigen Brüder. Die Besucher dachten sicher, die spinnen, haben die nichts anderes zu tun.

Uwe war am Ende des dritten Lehrjahres. Vier Wochen nach dem Unfall sollte der Termin für seine staatliche Tierpflegerprüfung sein. Ich besuchte ihn einige Male im Krankenhaus. Im Zoo aber wurde er nie mehr gesehen. Seine Prüfung machte er nicht. Möglicherweise erfüllte er sich seinen zweiten Berufswunsch, Steward zu werden auf einem großen Schiff, das die Weltmeere befährt.

Auch mich brachte der Eber einmal in arge Bedrängnis. Ich benutzte einen Reisigbesen, um ihn in Schach zu halten. Doch den schlug er mir unversehens aus der Hand. Meine rasche Flucht erfolgte nicht durch die angelehnte Tür nach draußen, sondern ich kletterte, die Angst im Nacken, einfach am Frontgitter nach oben und über die Trennmauer in den Stall der friedlichen Tapire nebenan. Unterdessen kämpfte Adolf mit dem erbeuteten Reisigbesen.

Tatsächlich gelang es ihm noch ein drittes Mal, einen Kollegen ins Krankenhaus zu befördern. Aller guten Dinge sind drei. Danach wurde er mit Gattin in ein anderes großes Gehege umgesiedelt.

Eine Trillerpfeife trage ich heute noch ständig um den Hals, zumal ich auch oft mit Hunden zu tun hatte.

Von Menschen und Menschenaffen

Die Eröffnung des umgebauten Menschenaffenhauses wurde festlich mit einem Pressetermin gefeiert. Professor Bernhard Grzimek dankte in einer kurzen Ansprache Geldgebern, Spendern und den beteiligten Baufirmen. Anschließend waren die zahlreich erschienen Journalisten gefordert, Fragen zu stellen. Die erste Frage war, wieso Scheiben zwischen den Besuchern und den Menschenaffen seien. Sicher, um den Geruch der Tiere vom Publikum fernzuhalten. Grzimek: „Nein, nein. Erstens, um das ohnehin verbotene Füttern zu unterbinden. Zweitens, um die wertvollen Tiere vor den ansteckenden Krankheiten der Menschen zu schützen. Nicht vergessen wollen wir ein anderes Problem: Sie kennen sicher diese Gerüche in öffentlichen Verkehrsmitteln, die an Regentagen von der Kleidung der Fahrgäste ausgehen. Wenn an solchen Tagen die Tierhäuser voll sind mit Besuchern, haben die Tiere das Problem und sie können nicht ausweichen. Das wollen wir ihnen mit den Glasscheiben ersparen.“

Grzimek hatte die Lacher auf seiner Seite und wieder einmal seine Schlagfertigkeit unter Beweis gestellt.

Eine günstige Gelegenheit nutzte ich einmal, um ihm zu sagen: „Ihre Fernsehsendung vom gestrigen Abend war wie immer sehr interessant. Aber Sie sprechen zu den Zuschauern wie einer, der die Märchen der Brüder Grimm vorliest. Alle Freunde und Bekannte sind dieser Meinung.“ „Das mag sein. Aber vergessen Sie nicht, meine Sendungen werden schon nach wenigen Tagen mittags für Kinder wiederholt. Die wollen und sollen das verstehen. Auch befolgen sie eher als die Erwachsenen das Geforderte, wenn es um Tier- und Naturschutz geht.“

Im Menschenaffenhaus gab es eine Küche mit großem Panoramafenster. Dort hatten die Besucher die Möglichkeit, zweimal täglich der Fütterung der Affenkinder beizuwohnen. Dies war auch eine Idee Grzimeks gewesen. Seine Frau war die Affenmutter. Meist waren es jugendliche Schimpansen, die ihren Kakao tranken, Marmeladenbrot aßen und Obst, das sie sich gegenseitig klauten. Neben Hildegard Grzimek war immer ein Tierpfleger – mehr oder weniger als Schiedsrichter – mit von der Partie. Eine Party war es fast immer. Wenn sie sich die Becher hoch über den Kopf hielten, um die letzten Reste in ihre nach oben gespitzten Münder tropfen zu lassen, wechselte unten gleichzeitig eine halbierte Orange den Besitzer. Dann gab es zwangsläufig Streit.

Vor dem Fenster stand immer ein gemischtes Völkchen, von den Affen kaum beachtet. Als aber eines Vormittags eine

Gruppe von etwa 20 Frauen in Schwälmer Tracht und mit dem typischen Haarknoten vor dem Schaufenster stand, vergaß Buddha plötzlich seine Mahlzeit und schaute lange und nachdenklich nach draußen. Eines Tages schaute Yindi sichtlich erregt nach draußen, erhob sich sogar von seinem Stuhl, stellte sich. Draußen, mitten in der Menge, stand ein Mann mit einem langen schlohweißen Bart. Den wollte Yindi offenbar ganz genau sehen.

Manchmal regten sich Menschen darüber auf, dass wir den Affen Bananen und Marmeladenbrot gaben, gleichzeitig aber viele Menschen in der Welt Hunger leiden mussten. Das war einerseits richtig. Andererseits hätten die Leute das Geld für den Zooeintritt auch für „Brot für die Welt" spenden können, denn ein Zoobesuch ist nicht lebensnot-

wendig. Obgleich lange Zeit auf den in Frankfurt am Main frei gestempelten Briefen stand „Nicht im Frankfurter Zoo gewesen – nur halb gelebt!“ Sicher auch eine Idee von Grzimek.

Nach der Fütterung wurden die Schimpansenkinder an der Hand nach draußen und zurück in ihren Käfig geführt. Eine solche Gelegenheit nutzte die Schimpansin Irumu zur Flucht. Blitzschnell drehte sie ihre Hand aus der des Pflegers. Der nächste Baum stand nur drei Meter entfernt. Mit der sprichwörtlichen affenartigen Geschwindigkeit erklomm sie ihn. Da standen wir nun mit unserem Talent. Zumal sie auch noch auf einer dornenreichen Robinie saß. Die schönsten Orangen und Bananen halfen nicht, hatte sie doch gerade ihre Mittagsmahlzeit eingenommen.

Nach geraumer Zeit des vergeblichen Wartens hatte ein Kollege die zündende Idee, ihre Pflegemutter herbeizuholen, also die Frau des Zoodirektors. Als sie von unserem Problem mit einem ihrer Zöglinge hörte, kam sie rasch. Aber auch sie konnte Irumu nicht zum Heruntersteigen bewegen. Deshalb musste die Direktorsgattin eine ordentliche Tracht Prügel von uns beziehen. Zum Schein schlugen wir, mit erheblichem Lärm verbunden, auf sie ein und Hildegard Grzimek schrie laut. Sofort kam Irumu herab, schneller als sie vorher oben gewesen war, um ihr zu Hilfe zu eilen. Hildegard Grzimek konnte sie beruhigen und zu ihren Artgenossen zurück bringen.

Andreas und die Linie 3

Sonntags begannen wir unseren Dienst viel früher als es die Regel war. Somit konnte die gröbste Arbeit erledigt werden, bevor die Besucher kamen.

Noch früher an diesem Sonntag war ein Gärtner. Er leerte die Abfallkörbe und sammelte mit einer langen Papierzange Müll ein. Er hatte ein spezielles Hobby. Mit einem an einer Schnur hängenden Magneten versuchte er, die Münzen zu angeln, die nach der Elefantenvorstellung nicht im Rüssel, sondern unten im Trenngraben gelandet waren. Dabei schaute ich ihm vom Umkleideraum aus zu, der damals noch oben im Elefantenhaus war. Ich war gerade umgezogen, als ich den Gärtner ohne all sein Werkzeug wie um sein Leben davon rennen sah. Im nächsten Moment erschien in meinem Blickfeld der Grund für seine Flucht: Andreas, der kräftige erwachsene Schimpansenmann.

Mir stockte der Atem. Schon hörte ich den Menschenaffewärter rufen: „Der Andreas ist draußen, der Andreas ist draußen.“
Er hoffte natürlich, im Umkleideraum seien mehr Kollegen. Ich war aber der Einzige.

Zu zweit versuchten wir nun, Andreas zum Affenhaus zurück zu jagen.

Das war Wunschdenken. Erst stieg er über die Absperrstangen bei den Flusspferden und verschwand durch eine geöffnete Tür im Elefantenhaus. Der seltsame Besucher wurde von den Elefanten mit einem Grollen und Trompeten empfangen, was ihn sofort veranlasste, fluchtartig das Haus zu verlassen, diesmal durch die Eingangstüren. Damit war unsere Hoffnung, ihn in einen Seitenraum oder, besser noch, in den Heizungskeller zu sperren, dahin.

Nun rannte er direkt zur Zoomauer. „Er darf auf keinen Fall über die Mauer den Zoo verlassen", war unser beider Gedanke. An dieser Stelle war eine Drehtür. Man konnte dort zwar den Zoo verlassen, aber nicht von außen nach innen kommen. Unsere Absicht, ihn in die Drehtür einzusperren, durchschaute der kluge Schimpanse sofort. Er stieg einfach, trotz des Stacheldrahts, über die Tür. Nun war er auf der Straße. Wir durch die Drehtür direkt hinter ihm. An der Straßenbahnhaltestelle kam gerade die Linie 3 zum Stehen. Als wollte er die Bahn noch kriegen, lief Andreas um die Fahrerkabine zur Rückseite der Bahn. Der Fahrer erhob sich erschrocken, beugte sich nach vorne, um seinen neuen Fahrgast besser zu sehen, prüfte aber sofort, ob seine Kabinentür geschlossen war. Nun kam dem einzigen Fahrgast, der die Bahn verlassen hatte, der Schimpanse entgegen. Schneller als man denken kann, war er samt seiner Aktentasche wieder in der Bahn und knallte die Tür hinter sich zu.

Während sich die Straßenbahn langsam in Bewegung setzte, gelang es uns, Andreas wieder in Richtung Drehtür zu treiben. Mit leeren Obstkisten von einem dort abgestellten Wagen eines Straßenhändlers begannen wir, nach ihm zu werfen. Er schleuderte die Kisten zurück. Erst als wir ihn mit dem Gefährt in die Ecke drückten, kletterte er endlich über die Zoomauer zurück, wir, so rasch wir konnten, hinterher.

Inzwischen schon etwas erschöpft, rannte er direkt zum Menschenaffenhaus. Leider nicht in seinen Käfig. Über das Gitter stieg er nach oben, saß jetzt auf dem Glasdach direkt über seiner eigentlichen Behausung. Die Lockrufe seines Pflegers blieben ohne Reaktion. Ich stieg ebenfalls auf das Dach, in der Hoffnung, er würde Zuflucht in seinem nahen Käfig mit offen stehender Tür suchen. Er machte keine Anstalten. Horst war unten bereit, gegebenenfalls sofort die Tür hinter ihm zu schließen. Ich warf mit nassem Laub aus der Regenrinne nach ihm. Er blieb unbeeindruckt. Mehr Erfolg hatte ich mit dem Laubfänger, einem Drahtkorb. Ein Volltreffer machte ihn aber so wütend, dass er mich unvermittelt angriff. Zum Glück krachte er beim ersten Sprung durch das Drahtglasdach und landete direkt im Affenhaus. Horst konnte ihn in seinen Käfig dirigieren. Mir blieb ein Sprung aus sechs Metern Höhe in Jasminbüsche erspart.

Im Nachhinein weiß ich: Einem erwachsenen Schimpansenmann auf einem Dach gegenüber zu stehen, war keine gute Idee gewesen.

Allen, die nach diesen Schilderungen den Kopf schütteln, sei gesagt, es gab damals noch keine Blasrohre, Pistolen oder Gewehre, mit denen man ihn hätte betäuben können, und wir hatten alles tun müssen, dem Ausbruch ein Ende zu machen, bevor Menschen zu Schaden gekommen wären. Alles.

Der Tierpfleger, der lächelte

Bei der allmorgendlichen Reinigung der Raubtieraußenkäfige verlief eigentlich immer alles normal. Außer donnerstags. Der Tag, an dem der Biologieunterricht der zoonahen Gymnasien im Zoo stattfand. Mit Schreibzeug und Heften bewaffnet zogen die Klassen samt Lehrern an den Raubtierkäfigen entlang. Mittendrin war ich mit dem Schrubben, also der Morgenarbeit, beschäftigt. Um aus der Mitte herauszukommen hätte ich durch drei, vier Schieberdurchgänge kriechen müssen, jeweils in den Nachbarkäfig. Es gab keinen direkten Ausgang aus jedem Käfig.

Das machten sich die Vorwitzigsten der Klassen zunutze. „Oh, schaut mal, hier ist ein neuer Affe angekommen." „Ja, einer der sich seinen Käfig selbst reinigt." Grölendes Gelächter fast aller. „Uh, uh, willst du eine Banane?", und so fort. Nicht immer haben die Lehrer die Schüler gerügt, vor allem haben sich diese Frechheiten noch gesteigert, wenn ich sie ignorierte. (Öffentlicher Dienst erfordert Zurückhaltung.)

Einmal allerdings riss mir der Geduldsfaden. Als die dritte Klasse hintereinander den gleichen Zirkus absolvierte, als die Schüler wie Affen vor den Gittern herumhopsten, sogar der Lehrer seinen Spaß daran hatte, da öffnete ich den Spritzkopf meines Zollschlauches und alle waren nass, alle! Danach gingen sie ohne ein Wort zu sagen, mein Zorn hätte auch keine Gegenreaktion zugelassen, Richtung Ausgang. Oder zur Direktion? Ich habe nie etwas von oben gehört. Sicher sind sie zur Schule in den Trockenraum gegangen.

In einem anderen, ganz ähnlich gelagerten Fall, habe ich mit meinem Kollegen aus dem Kleinsäugetierhaus zusammen gearbeitet. Diesmal waren es amerikanische Schüler. Die waren oft sehr viel frecher, älter und meist ohne Lehrer im Zoo unterwegs. Sie hatten im Raubtierhaus nicht nur die Pumas und damit auch mich geärgert. Sie rissen Grasbüschel aus und warfen sie samt Erdreich in die frischgeputzten Tierunterkünfte. Im Kleinsäugetierhaus nebenan bespuckten sie die Fischkatze und andere Tiere.

Mein dort zuständiger Kollege Fritz war wie ich sehr verärgert, sagte dann aber lächelnd: „Lass die mal. Lass die mal, die stehen in spätestens zehn Minuten vor den Schimpansen.“ Da wusste ich schon, wie er sich zu revanchieren gedachte.

Die Schimpansen konnten Fritz nicht ausstehen, warum auch immer. Deshalb warfen sie wenige Minuten später sämtlichen vorhandenen Kot nach ihm, als er hinter den Ami-Schülern entlang rannte. Jetzt mussten diese feststellen, dass Konsequenzen nicht ausbleiben. Wenn man etwas in einen Käfig hineinwirft, kommt auch wieder etwas heraus, wenn auch aus einem anderen. Und das riecht auch noch unangenehm, so menschenähnlich.

Können Tiere lachen?

Als Mensch hat man Freunde, möglicherweise sogar viele. Von all diesen mag man eine oder einen ganz besonders gern. Gründe dafür gibt es viele. Ich habe übrigens fast alle meine Freunde im Frankfurter Zoo kennen gelernt, Freundschaften, die schon über 50 Jahre andauern.

Auch zu den Tieren hat man als deren Pfleger zu dem einen oder anderen eine besonders gute Beziehung. Auf keinen Fall darf dies zur Folge haben, andere zu vernachlässigen.

Wenn mir die Frage gestellt wird, ob Tiere lachen können, habe ich nicht den geringsten Zweifel. Zumal ich bei meinen Vertretungen im Menschenaffenhaus den damals etwa fünf Jahre alten Camillo, einen Bonobo oder auch Schlankschimpansen, kennen lernte. Er war ein derart sympathischer Kerl, selbst nach fast 50 Jahren sind mir seine facettenreiche Körpersprache, seine Mimik und Gestik, sein vielsagendes Schütteln der Hände, sein Grinsen und sein Lachen gegenwärtig.

Bei Zwischenreinigungen im großen Außenkäfig, den er mit den anderen Schimpansen gleichen Alters bewohnte, hatte er ein besonders großes Vergnügen daran, über einen flach gehaltenen, schnell hin und her bewegten Schrubberstiel zu springen.

Ähnlich wie beim Springseil. Von allen konnte er dies am besten. Dabei war auch sein Lachen am menschenähnlichsten. Die Besucher hatten ihren Spaß und etwas zu lachen.

Eben weil er ein so lustiger, freundlicher Kerl war, bat mich eines Tages die Schulreferentin, Dr. Rosl Kirchshofer, ihn mal aus dem zu Käfig zu holen, als sie mit einer Studentengruppe zum Menschenaffenhaus gekommen war. Bald waren wir samt der Studenten von einer Besucherschar umringt. Alle waren begeistert, wie Camillo auf Kitzeln unter seinen Armen mit Lachen reagierte. Nacheinander schüttelte er vielen die entgegen gestreckten Hände.

Während dieser Aktion hielt ich ihn fest an seiner Linken. Doch plötzlich schüttelte er zwar weiter die Hände, schaute aber immer wieder zurück. Sein Interesse galt einem älteren Mann. Zu ihm zog er mich hin. Dann nahm er die Hand des Mannes und roch daran. Ich glaubte er hätte etwas Essbares darin. Doch ich sah: An dieser Hand fehlten zwei Finger. Das hatte Camillo in Erstaunen versetzt, fast beunruhigt.

Auch Hunde können lachen. Zumindest unser Hovarwart konnte dies. Nun ist Hundelachen schon anatomisch bedingt ein anderes. Dem des Menschen ähnlichsten Tieres, dem Schimpansen, ist es nicht vergleichbar. Ganz abgesehen davon, dass haltungsbedingt nicht jeder Hund etwas zu lachen hat.

Können Gorillas lesen?

Konnten sie nicht, denn die Buchstaben waren zwar mannshoch und in greller Farbe, aber die Schikane war die Spiegelschrift. Der Kollege, der die Außenanlage der Gorillas wie immer aus Sicherheitsgründen als erster in Augenschein nahm, bevor er seinen Tieren den Schieber öffnete, staunte sehr. „Freiheit für ......“, entzifferte er die von außen auf die vier Zentimeter dicken Trennscheiben gesprühten Lettern. Sicher dachte er gleich an Zoogegner. Die gibt es ja auch.

Diesmal ging es aber nicht um die Freiheit seiner Pfleglinge, sondern um die eines inhaftierten RAF-Mitgliedes. Dessen Sympathisanten hatten nachts auf die hohen Scheiben rund um die Außenanlage „Freiheit für Holger Meins“ gesprüht. Sicher in der Hoffnung, hunderte Zoobesucher würden es lesen, möglicherweise würden sogar die Medien darüber berichten.

Nichts dergleichen geschah. Die Gorillafamilie konnte mit etwas Verspätung an die frische Luft. Hatte dann einen großen Spaß daran, einem halben Dutzend Handwerkern zuzuschauen, wie diese von außen mit Putzmitteln und Tüchern jedem Buchstaben zu Leibe zu rückten bis das Glas blitzblank poliert war. Als die ersten Besucher am Menschenaffenhaus eintrafen, hatten alle wieder klare Sicht.

Orang-Utan Karl

Orang-Utan Karl musste eine Spritze bekommen. Oben, am Frontgitter seines Käfigs hängend, schaute er ängstlich Dr. Günter Klöppel zu, wie er die Spritze aus der Ampulle aufzog. Karl pinkelte von oben so zielgenau, dass der Strahl sich dem Tierarzt direkt über die Hände ergoss. So wie wir Jungs es taten beim Versuch, pinkelnd den Namen in den Schnee zu schreiben.

Die Spritze bekam er trotzdem.

Schweinekino

Der Rundbau war ein Haus für spezielle, mittelgroße Säugetiere, zum Beispiel Flachlandtapire, rote Riesenkängurus, Ameisenbären, Klippspringer, Zebra- und Gelbrückenduckerantilopen, Warzen- und Pinselohrschweine. Man kann sich den Grundriss des Gebäudes etwa so vorstellen wie eine Torte, die in Stücke aufgeschnitten ist. Mit einem Besucherraum in der Mitte, rundum Tierunterkünfte mit grobmaschigem Gitter vom Publikum getrennt. Links und rechts des Eingangs befanden sich ein Abstellraum und eine Futterküche.

Fast immer, wenn wir das Haus verließen, gegen 13 Uhr zur Essenszeit, warteten Männer in der Nähe, von denen mal der eine, mal der andere alsbald den Rundbau betrat. Der alte Tierpfleger, „das Onkelchen", wie wir ihn alle nannten, bezeichnete sie pauschal als „die kranken Männer", ohne näher auf die Krankheit einzugehen.

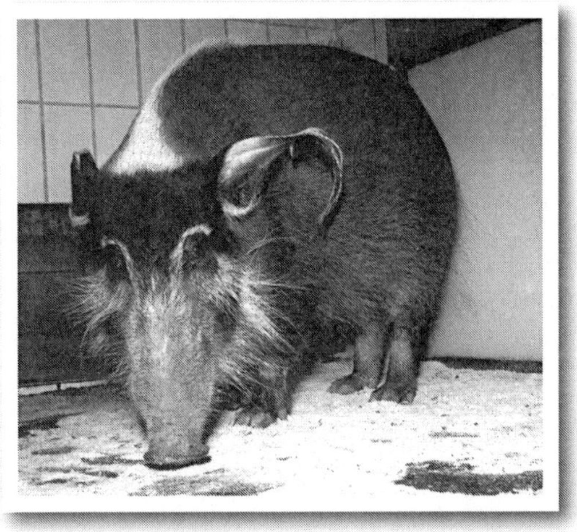

Mich hat es als Jugendlichen brennend interessiert, was es mit der Krankheit auf sich hatte.
Eines Tages gab ich meiner Neugier nach. Kurz vor 13 Uhr schickte ich meine Kollegin zu Tisch. Vom Futterraum aus konnte ich auf einer Leiter ste-

hend nahezu das gesamte Innere des Hauses überblicken.

Kaum hatte ich oben Position bezogen, betrat der erste Mann das Haus. Durch Klopfen an der Futterraumtür wollte er feststellen, dass wirklich niemand mehr im Hause war.

Ich selbst war plötzlich in einem nicht jugendfreien Film. Helene, unsere Pinselschweinbache, war das Objekt seiner Begierde. Unvermittelt begann er, sie mit Karottenstücken zu füttern. Dann folgte Kraulen, Schweine mögen das. Fest drückte sie sich gegen das Gitter. Seine Streicheleinheiten endeten schließlich im Genitalbereich der Bache.

Zwischendurch kamen immer mal wieder Besucher ins Haus, die, bedingt durch den intensiven Geruch besonders während der kühlen Jahreszeit, rasch wieder nach außen strebten. Solange sie da waren unterbrach er sein Fummeln am Schwein und sein Onanieren.

In den nächsten Tagen konnte ich feststellen, dass vier verschiedene Männer abwechselnd ihren krankhaften Trieben in dem Haus nachgingen. Immer ordentlich gekleidet, wie Bedienstete wichtiger Institutionen, die im Zoo ihre Mittagspause verbringen. Kleider machen Leute?

Aber da musste doch etwas geschehen!
„Da muss man etwas dagegen tun", dachte ich.
Der Oberwärter meinte nur: „Du bist doch so ein Fotospezi, fotografier die doch, sonst kommt sowieso nichts dabei heraus."

Ich dachte zunächst an etwas Einfacheres. Eine leere Ananasdose wurde oben am Gebälk unsichtbar aufgehängt, genau über der Stelle, an der der jeweilige Sodomist sein

Unwesen trieb. Ich hatte sie mit Wasser gefüllt und konnte sie mittels einer Schnur kippen. Damit die Tiere von dem plötzlichen Wasserfall keinen Schreck bekamen, machte ich vorher einige Versuche mit sehr guten Ergebnissen. Einige Male lag ich umsonst auf der Lauer, dann aber kam es zum ersten Volltreffer. Fluchtartig rannte der Getroffene aus dem Haus.

Zumindest dieses Tierhaus haben die Männer fortan gemieden.

Der Geranien-Liebhaber

Im Kinderzoo gab es ein Ponyhaus, in dem es neben Shetland-Ponys auch Esel gab, einen Hengst mit zwei Stuten. Sie alle standen sonntags für das beliebte Kinderreiten zur Verfügung. Rund um das Haus waren in den Sommermonaten vor jedem Stallfenster Kästen mit üppigem Geranienschmuck angebracht.

Es geschah dutzende Male im Sommer, aber völlig unberechenbar: Mal im Abstand von drei Tagen, mal im Dreiwochenabstand wurde nachts einer der Blumenkästen aus seiner Halterung herausgenommen und auf dem Boden abgestellt. Jetzt reichte einer der vielen überall im Zoo verteilten Papierkörbe, meist samt Inhalt auf den Kopf gestellt, um das Fenster zu erreichen. Das war zur Durchlüftung immer gekippt, so dass es kein allzu großes Problem war, das Fenster auszuhängen.

Wie lange der Unbekannte sich jeweils im Stall aufhielt und mal mit dem Esel, mal mit den Ponystuten sein Vergnügen hatte - gründliche Untersuchungen haben das bestätigt - konnte nie festgestellt werden. Besonders eilig hatte er es aber offenbar nicht, denn jedes Mal hatte er sich im Keller geduscht und die Hygieneartikel und Handtücher der Kollegen benutzt. Sicher damit er, wenn er nach Hause kam, nicht nach Pferdestall roch. Womöglich hätte ihn seine Frau oder Freundin gefragt, ob er Ponyreiten war.

Immer wieder versuchten einige der Eingeweihten nächtelang, mal sogar wochenlang Nacht für Nacht des Übeltäters habhaft zu werden. Vergeblich. Irgendwann zeugte am Morgen die übliche Unordnung von einem erneuten nächtlichen Besuch. Denn die Geranien stellte er nie zurück.

Ruhige Nächte bekamen die Ponyhaus-Insassen samt den Nachtwächtern erst durch Kommissarin Zufall.

Als nämlich die Frau eines Kollegen, die in Nachbarschaft des Zoos wohnte, mitten in der Nacht vorm Schlafengehen noch mal frische Luft schnappte, schlich sich eine männliche Gestalt, nach rechts und links schauend, an der Zoomauer entlang. Als er sich unbeobachtet wähnte, stieg er über die Mauer. Das war mehr als verdächtig.

Sowohl der Ehemann als auch der von diesem geweckte Inspektor, der im gleichen Haus wohnte, schnappten jetzt auch noch mal frische Luft und keine halbe Stunde später den Pferdeliebhaber. Nackt wie Gott ihn geschaffen hatte verlustierte er sich gerade, als plötzlich noch zwei weitere Besucher auftauchten, allerdings mit mehr Interesse an ihm als an den Ponys.

Stute im Ringelhemd

Neu geborene Zebrafohlen sind nicht nur „süß“, sondern auch gestreift. Eine Steigerung gibt es aber: Grevyzebrafohlen sind noch intensiver gestreift als andere Arten, infolge dessen auch noch „süßer“.

Ich habe Grevyzebrafohlen zweimal unmittelbar nach der Geburt erlebt. Sie kommen besonders langbeinig, mit eng gestreiftem Ringelhemd und großen Tütenohren zur Welt. Nach nicht einmal einer Stunde folgen sie der Mutter auf Schritt und Tritt. Ihre Zucht im Zoo ist schwieriger als die anderer Zebraarten.

Eine unserer Stuten war tragend, das war unübersehbar. Nur der genaue Zeitpunkt der Niederkunft war unsicher. Um kein Risiko einzugehen, wurde sie in den letzten Wochen vom Hengst getrennt. Sie sind rabiate Burschen. Während sie tagsüber im Stall blieb, war der Hengst mit den beiden anderen Stuten auf der Außenanlage. Für die Nacht aber fand ein Wechsel statt. Jetzt war die schwangere Stute allein im Freien. Die Tragzeit von 345 bis 390 Tagen macht den genauen Zeitpunkt der Niederkunft unberechenbar. Da sollte der Hengst nicht als Störfaktor dabei sein.

Dass die Stute nachts dennoch Besuch bekam, konnten wir erst viel später feststellen, als sie uns endlich ihr Fohlen früh morgens gesund und munter präsentierte. Das hatte zur Folge, dass nicht mehr sie nachts in der Außenanlage blieb, sondern der Hengst.

Der Herr, der nachts wiederholt die Stute im Streifennachthemd besuchte, entledigte sich, bevor er zu ihr ins Gehege kletterte, seiner Kleidung. Sorgfältig legte er Stück für Stück auf die Absperrmauer am Wassergraben. Weiß der Teufel, was er mit der Stute trieb. Sicher glaubte er in der für ihn verhängnisvollen Nacht, sie könne es gar nicht abwarten, bis er endlich zu ihr kam. Aber diesmal war nicht die Stute im Gehege, sondern der Hengst.

Zebrahengste beißen kraftvoll zu. Ihre Zähne sind dafür geeignet, hartes Steppengras zu rupfen. Außerdem knien sie sich auf ihren Kontrahenten. Das hat äußerst schmerzhafte Verletzungen zur Folge.

Im Normalfall handelt es sich bei so einer Auseinandersetzung um einen Artgenossen mit kräftiger Zebrahaut und Gegenwehr. Diesmal aber war es ein nackter Mann. Chancenlos stand er dem ungestümen Hengst gegenüber. Vergeblich war sein Abwehrkampf. Schwer verletzt gelang ihm die Flucht in den Wassergraben. Von dort konnte er am Seitengitter aussteigen. Seine Hilferufe in der Nacht weckten die Zooanrainer. Die von ihnen gerufene Polizei folgte seiner Blutspur bis unter das Vordach des Eingangs zum Giraffenhaus. Jetzt konnte nur noch die Rettungswache helfen, die ihn ins Krankenhaus brachte.

Der zuständige Reviertierpfleger wunderte sich früh morgens über die Kleidungsstücke auf der Absperrmauer. Auch über die Blutlache am Gehegeboden, in deren Mitte eine Halskette mit Anhänger lag.

Die Silberfuchs-Abonnentin im Irrgarten

Im Kinderzoo gab es einen Irrgarten. Dieses mit dichten Ligusterbüschen zugewachsene Labyrinth wird von großen und kleinen Zoobesuchern sehr gerne durchlaufen. Immer wieder endet man in diesem Wirrwarr in Sackgassen, braucht einige Minuten, bis man an der anderen Seite angelangt ist.

Immer abends, wenn Esel, Ponys, Hängebauchschweine und Zwergziegen in ihre Stallungen gebracht waren, begann für uns das Reinigen der Gehege. Die Ziegenknöttel, übers ganze Gehege verteilt, waren besonders arbeitsintensiv. Gleich dreimal hintereinander ist uns dabei aufgefallen, wie eine allseits unbeliebte Abonnentin im Irrgarten verschwand, aber jeweils nach kurzer Zeit am gleichen Eingang wieder in Erscheinung trat. Unbeliebt war sie deshalb, weil sie während der kalten Jahreszeit immer mit zwei über die Schultern gehängten Silberfüchsen den Zoo besuchte. Pelz im Zoo ist wie Salz im Kaffee.

Als sich das Ereignis eines Abends wiederholte, ging meine Kollegin der Sache auf den Grund. Empört kam sie zurück und sagte, dass die Dame den Irrgarten nur als Toilette benutzte, obwohl das Toilettenhaus nicht einmal 100 Meter entfernt ist. So konnte das nicht weitergehen, schließlich war der Irrgarten ein Kinderspielplatz.

Meine Idee, sie beim nächsten Mal mit einer Plastikschlange zu erschrecken, fand sofort Beifall. Eine solche Ringelnatternachbildung, fast ein Meter lang, war einige Tage zuvor in das Waschbärengehege gefallen und nicht abgeholt worden. Wir brauchten nur noch eine Nylonangelschnur. Die war bald besorgt. Schon am Nachmittag versteckten wir die sehr echt wirkende Schlange im Irrgartenlaub und verlegten die Schnur, die am Kopf befestigt war, zu einem günstigen Platz. Während meine Kollegin die Anlage kehrte, wartete ich auf die Übeltäterin. An diesem Abend allerdings vergeblich. Haben auch Pelz tragende Frauen einen Schutzengel?

Noch drei Tage mussten wir uns gedulden und immer wieder die Schlange im Laub verstecken. Heute Abend musste es klappen. Sie kam. Ein Blick nach links, ein Blick nach rechts und ab zum Pinkeln in den Irrgarten. An der Außenseite stand ich und zog langsam das Plastikungeheuer aus seinem Versteck. Zwischen Ausgang und Notdurftplatz bewegte es sich auf unsere „Freundin" zu. Geschrien hat sie nicht, nur ein „Ach, du lieber Gott", war zu hören. Dann ging sie, vermutlich das erste Mal, in die Gegenrichtung, den langen Weg zum anderen Ausgang. Sie hat uns nicht einmal gesagt, dass dort eine Schlage unterwegs gewesen war. Später war sie nur noch selten im Kinderzoo, im Irrgarten nie mehr.

Die Schlangen konnte man am Eingangskiosk in zwei Größen kaufen. Für eine kurze Zeit waren sie für uns ein gutes Hilfsmittel bei Schimpansen, die am Abend keine Lust hatten, von den Außenkäfigen für die Nacht nach innen zugehen. Beim Anblick der sehr echt aussehenden Schlange haben sie sich fluchtartig nach innen verzogen. Doch bald durchschauten sie den Trick und ihr Pfleger musste sich etwas neues einfallen lassen.

Die Löwin Rosemarie

Die Löwin Rosemarie hatte nur zwei Freier. Diese kamen weder mit hoch gestelltem Mantelkragen noch mit großen Limousinen bei ihr vorgefahren. Nein, sie waren immer in ihrer unmittelbaren Nähe.

Auch fuhr sie nicht im weißen Cabrio durch Frankfurt. Sie lebte im Raubtierhaus unseres Zoos. Trotzdem nannten wir Tierpfleger sie Nitribitt, nach der zu dieser Zeit in Frankfurt am Main tätigen Lebedame.

Geschlechtsreife Löwinnen werden etwa alle acht Wochen rollig, somit paarungsbereit. Wenn der Löwenmann die nötige Reife hat und alles klappt, werden nach 102 Tagen Tragezeit ein bis vier, in seltenen Fällen sechs Löwenbabys geboren.

Diese Naturgesetze galten nicht für unsere Rosemarie. Sie bekam nie Nachwuchs, war aber immer paarungsbereit.

Sie trieb es mit beiden Männern (die ja bekanntlich immer paarungsbereit sind) abwechselnd, mehrmals täglich. Sowohl auf der Außenanlage als auch am Spätnachmittag im großen Innenkäfig. Die Besucher hatten ihr Vergnügen, zumal der Paarung immer erbitterte Kämpfe beider Kontrahenten voraus gingen. Dabei war anfänglich der ältere Löwe dominanter. Mit der Zeit wendete sich das Blatt zugunsten des Sohnes.

Zerkratzte Gesichter, klaffende Wunden, arge Verletzungen waren die Folge. Die Löwenmähne, die für solche Kampfsituationen gedacht ist, schützt hauptsächlich den empfindlichen Hals gegen Prankenhiebe und Bisse.

Um dieses Dilemma abzustellen, beschloss die Direktion, die Löwin zu sterilisieren. Nach dem Eingriff war sie einige Tage lang zur Erholung und Genesung separiert. Doch schon wenige Tage nach ihrer Rückkehr zum Rudel setzten die drei die alten Gewohnheiten fort.

Erst in der Folgezeit änderte sich die Situation. Der jüngere Löwenmann erkämpfte sich die Vorherrschaft. Von da an war der alte Haudegen regelrecht kaltgestellt. Auch Rosemarie wurde ruhiger. Und so kehrte endlich wieder Ruhe ein bei den Königen der Tiere.

„Vom Oberförster beerdigt"

Dass mich in meiner Eigenschaft als Zootierpfleger ausgerechnet ein deutscher Schäferhund krankenhausreif biss, ist fast so, als würde ein Seemann mit dem Fahrrad verunglücken. Nicht irgendwo geschah mir das, nein, sondern im Wirtschaftshof des Zoos.

Am Wochenende war dort Ruhe, das Hoftor abgeschlossen. Eine ideale Möglichkeit, den neuen Nachtwächterhund mal von der Leine zu lassen. Ein sehr schöner, etwa drei Jahre alter Rüde. Hinten noch nicht tiefer gezüchtet, wie heute üblich, keine Hüftprobleme. Unserem Tierarzt, Dr. Günter Klöppel, wurde er in die Praxis gebracht mit der Bitte, ihm eine lebensbeendende Spritze zu geben. Denn zuvor hatte er seiner Besitzerin ins Gesicht gebissen, aus Eifersucht darüber, dass sie in seiner Gegenwart den Pudel der Freundin gestreichelt hatte. Von ihr ungeschickt oder provozierend. Der Tierarzt brachte es nicht übers Herz, der Bitte zu folgen. Auch wusste er, dass der Zoonachtwächterhund kurz zuvor an Krebs verstorben war. Was lag da näher, als ihn versuchsweise im Zoo einzusetzen?

Mir fiel die Aufgabe zu, ihn an die Tiere im Zoo zu gewöhnen, aber auch die Tiere an ihn. Erfahrungen mit Hunden hatte ich kaum. Eine ganze Woche streiften wir mehrmals täglich, auch in der Dunkelheit spät abends, durch den Zoo. Alles schien gut zu laufen. Selbst am Wolfsgehege wurde er immer ruhiger.

Nun kam dieses Wochenende im Wirtschaftshof. Während des alten Hundespiels, Stöckchen werfen und Hund bringt, läuft ausgerechnet ein Pudel mit Frauchen außen am Zaun entlang. Jetzt war es um den Nachtwächterhund geschehen. Wie von Sinnen raste er zum Zaun, geiferte gegen den Außenseiter, der samt Frauchen sofort die Flucht ergriff. Meine Versuche, ihn vom Zaun zurück zu rufen, endeten damit, dass er mich in seinem Hass als Pudelersatz sah. Was innerhalb von zwei Minuten geschah, will ich dem Leser ersparen – sonst wechselt er vorsichtshalber bei jedem größeren Hund die Straßenseite.

Philipp Maier, der alte Bären- und Wolfspfleger, hatte mir immer eingetrichtert: „Greift dich ein Wolf an, hast du nur eine Chance, ihn abzuwehren: versuche, ihm die Hand, die Faust ins offene Maul zu stopfen."

Das habe ich bei jedem neuen Angriff des Schäferhundes versucht, gleichzeitig immer das Gesicht schützend. Um es kurz zu machen: beim soundsovielten Angriff gelang es mir.

Der Arzt im Krankenhaus der Barmherzigen Brüder hat zwei Stunden lang acht verschiedene Stellen genäht.

Eine neue Schwierigkeit: Wie sag ichs meiner Frau? „Du, der blöde Hund hat mich in die Hand gebissen. Jetzt soll ich erstmal im Krankenhaus bleiben, nicht dass der vielleicht Tollwut oder so was hat. Bring mir doch bitte mal Schlafanzug und Zahnbürste."

So hatte ich vier Wochen lang ein Zimmer mit Zooblick und nachts das Heulen der Wölfe, das Rufen der Mandschurenkraniche, das Brüllen der Löwen. Aber auch das Schnarchen eines Wohnsitzlosen, der unter einem Bauwagen an der Zoomauer sein Lager hatte.

Die Barmherzigen Brüder haben mich in ihrem Krankenhaus gut versorgt. Der Bruder, der mir meine tägliche Spritze gab, sagte samstags: „Sehen wir uns morgen früh in der Messe?" „Oh je, ich bin so einer, der sonntags in die Natur, den Wald geht, sozusagen in den grünen Dom." „Ach, auch so einer, der später mal vom Oberförster beerdigt wird." Er konnte nicht ahnen, dass das heute in den Friedwäldern sehr häufig der Fall ist.

“Wenn du einen kranken Hund gesund pflegst, wird er dich später nicht beißen. Das ist der Hauptunterschied zwischen Mensch und Tier.”

Mark Twain

Von Pavianen und Menschen

Dr. Wilhelm Windecker, Direktor des Kölner Zoos und 1955 am Ende meiner Lehrzeit einer der Prüfer, war ein sehr lustiger Mensch und auch der, der als erster Frauen im Tierpflegerberuf sehr erfolgreich beschäftigte. Deshalb nannte ihn Professor Bernhard Grzimek wiederholt „Amazonendirektor“. Ganz sicher tat er dies deshalb so abfällig, weil er nicht selbst so früh auf diese glorreiche Idee gekommen war.

Dr. Windecker erzählte mir von einem Lehrer, der mit seiner gemischten Klasse den Kölner Zoo besucht hatte. Ausgerechnet als sie versammelt vor dem Pavianfelsen gestanden hatten, hatte sich der „Pascha“ zu einem empfängnisbereiten Weibchen hingezogen gefühlt, sie hatten sich gepaart. Dies hatte den Lehrer derart in Verlegenheit gebracht, ja zornig gemacht, dass er empört zur Direktion geeilt war und dringend darum gebeten hatte, dieser „Schweinerei“ mit einem Zaun ein Ende zu machen.

Dr. Windecker dazu: „Wie hoch müsste denn der Zaun in einer Freianlage bei Affen sein? Und wissen Sie was, das Schlimmste ist, die machen das dann einfach durch den Zaun, Paviane kennen da nichts.“

Bei den Pavianen kann man einen ganzen Tag ohne Langeweile verbringen. Und ein Lehrer von heute würde sich das Ereignis sicher als Aufklärungsunterricht zunutze machen.

Von Pavianen und Menschen
– so nah und doch so fern

Wenn am frühen Morgen der von einem Elektrokarren gezogene Futterwagen am Pavianfelsen vorbeifuhr, hatte der Kollege schon den größten Teil seiner Futterkisten an die verschiedenen Reviere verteilt. Verblieben war noch der Rest für die Vogelhallen und den Kinderzoo. Für beide Reviere gab es unter anderem viel Salat.

Oft stellten sich einige Paviane auf die Hinterbeine und schauten über einen breiten Graben diesen Leckerbissen hinterher. Sicher dachten sie, da müsse doch was zu machen sein. Haben die dann etwa trainiert oder gar eine Wette abgeschlossen?

Wie immer fuhr morgens der Wagen vorbei. Diesmal sprang ein halbwüchsiger Pavian, schon mit dem Ansatz einer Paschamähne, mit einem Riesensatz über den Graben zunächst auf die Absperrmauer. Dann sogleich auf den fahrenden Wagen, klaute sich einen Salatkopf, den er – zurück auf der Mauer – genüsslich in sich und seine Backentaschen hineinstopfte. Erst dann sprang er zu seinen Genossen zurück, die leer ausgingen. Der Fahrer des Wagens beobachtete den Vorgang aus sicherer Distanz.

Leider musste dieses Ausnahmetalent an einen anderen Zoo abgegeben werden, wo sich so etwas nicht wiederholen konnte. Auch in Frankfurt war es ein einmaliges Ereignis.

Grabenabsperrungen, oftmals mit Wasser gefüllt, scheinen für junge Männer eine Herausforderung darzustellen. Einige Male habe ich bei meinen Vertretungen im Kamelrevier erlebt, wie nach abgeschlossenen Wetten der Wassergraben zur Kamelanlage übersprungen wurde. Neben drei Trampeltieren bewohnten auch ein paar Vikunjas, die kleinsten der Kamelfamilie, diese Anlage.

Einem dieser Wettspringer machte der Vikunja-Hengst einen Strich durch die Rechnung. Um genügend Anlauf für den Rücksprung zu bekommen, musste er einige Meter in die Anlage. Dies aber war dem Vikunja-Hengst zu viel. Ein fremder Eindringling in seinem Revier! Mit vollen Backen rannte er dem Eindringling entgegen. Mit einem Sprung in den Wassergraben rettete der sich vor der übel riechenden Spucke. Die Freunde draußen zogen ihn unter schallendem schadenfrohem Gelächter aus dem Wasser. Noch triefend nass kassierte er von jedem sein Wettgeld, fünf Mark, bevor er begann, seine Kleider auszuwringen. Unangenehm feucht, aber um 45 Mark und eine Erfahrung reicher, setzte er seinen Zoobesuch fort.

Die großen Freianlagen waren das erste, was von dem Neubau für niedere Affen fertig gestellt war. Der Anlage für die Mantelpaviane wurde zunächst eine Notunterkunft für die Nacht angegliedert. Fachgerecht haben die Handwerker, wie es für große Betonflächen üblich ist, mehrere Dehnfugen eingebaut. Diese nur fingerbreiten, senkrecht verlaufenden Fugen sollen bei Temperaturschwankungen das Ausdehnen ermöglichen und somit Risse in der Betonwand vermeiden. Nach dem Austrocknen hätten sie mit einem speziellen elastischen Fugenmaterial gefüllt werden sollen.

Dass dies noch nicht geschehen war, fiel zuerst einem halbwüchsigen Pavian auf. Geschickt wie ein Bergsteiger kletterte er an der Wand hoch. In Freiheit angekommen, wurde er zwar bald entdeckt, aber alle Bemühungen, ihn zu seiner Gruppe zurück zu treiben, scheiterten. Nachdem er zunächst verschiedene Bäume erklommen hatte, um den inzwischen zahlreichen Fängern zu entkommen, entschloss er sich mit einbrechender Dunkelheit, sogar die nahe Zoomauer zu überwinden. Das taten auch die mit Netzen ausgestatteten Fänger.

Auf der gegenüberliegenden Straßenseite gab es keine Bäume. Dafür aber die Neue Nicolaikirche mit einem Blitzableiter, der bis zur Turmspitze hoch reichte. Was lag näher, als diese ideale Klettereinladung zu nutzen. Oben angekommen suchte er sich einen Platz für die Nacht. Mit einbrechender Dunkelheit sitzen Paviane auch in Freiheit Schutz suchend in Baumwipfeln. Einen Leoparden brauchte er nicht zu fürchten, dafür aber eisige Kälte.

Die Kollegen zogen sich auf das Zoogelände zurück. Einige blieben die ganze Nacht an einem Lagerfeuer, schauten von Zeit zu Zeit mit Taschenlampen nach dem Pavian. Am Morgen galt es, keinen Fehler zu machen. Einer sollte, wenn der Affe unten war, sofort den Blitzableiter blockieren. Dieser mit Fangnetz bewaffnete Blockierer verschreckte den Pavian so sehr, dass er schon Sekunden später an der Regenrinne eines Wohnblocks erneut nach oben stieg. Auf dem Dach angekommen eilte er über den Dachfirst zum höchsten Punkt, dem Schornstein. Wie die Kollegen

nachts am Lagerfeuer wärmte er sich nun auf dem Kamin, von unten als schöne Silhouette gegen den Morgenhimmel sichtbar.

Mit Netzen aufs schiefe Dach zu steigen ging nicht. Also stiegen wir zu zweit auf den Dachboden. Als wir uns aus der engen Dachluke zwängten, wechselte der Pavian auf einen Schornstein weiter hinten. Unsere Hoffnung, ihn von dort auf den Dachboden zu treiben, erfüllte sich nicht. Der Plan scheiterte an der dort herrschenden Dunkelheit. Gleich zweimal übersprang der Affe die Luke, statt zu seinem und unserem Vorteil darin zu verschwinden.

So leicht wollte er es uns nicht machen. Er sprang vom Dach auf einen der obersten Balkone, wechselte mit Leichtigkeit die Stockwerke. Dort, wo die Türen zur Wohnung zum Lüften offen standen, schaute er auch schon mal ins Wohnzimmer.
Doch dann schrien die Leute vor Angst und knallten die Türen zu. Also erneute Flucht nach draußen.

So ging das hin und her, hoch und runter, rein und raus. Fast drei Stunden. In einem anderen Wohnblock erwischten wir ihn dann. Dort im zweiten Stock verfing er sich so sehr in den Fenstervorhängen, dass ihn ein Kollege ohne Netz greifen konnte. Zum Glück war der Affe noch jung. Denn erwachsene Pavianmänner haben ein Gebiss, das dem des Leoparden in nichts nachsteht.

Akustische Ich-AG

Im Jahr 1961 wurde im Frankfurter Zoo ein neues Vogelhaus eröffnet. Ein schönes Haus, auch heute noch. Die vielen Nachzuchten der verschiedensten Arten sind Beleg, dass sich die Vögel dort wohl fühlen. Im alten Vogelhaus war das nicht der Fall. Nach dem Krieg notdürftig hergerichtet diente es der Präsentation möglichst vieler Vögel. Es gab neben großen Volieren so genannte Rollkäfige, die man nach Fütterung und Reinigung wieder an die Wand zurück schieben konnte. Sie waren dreistöckig, nach oben wie Treppenstufen zurückversetzt, damit auch die unteren Vögel Licht erhielten. Nur 80 Zentimeter tief, 2,20 Meter breit und ebenso hoch. In den unteren Käfigen waren meist Papageien untergebracht, in der Mitte und oben neben exotischen Arten auch einheimische wie Kuckuck oder Pirole. Heute undenkbar.

Schon gleich am Eingang saß Lora, ein schöner großer Gelbhaubenkakadu. Täglich um die gleiche Zeit bekam er Besuch von einer Abonnentin, immer schwarz gekleidet, oft einen feinen Schleier vor dem Gesicht. Sie sorgte jeweils fast eine Stunde lang für Kurzweil des Tieres. Mit ihm sprechen, ein paar Nüsse zustecken und immerzu kraulen. Merkwürdigerweise war sie nur auf Lora fixiert. Der Graupapagei und die Gelbstirnamazonen nebenan schienen nicht vorhanden zu sein. Das ist häufig so. Viele Abonnenten haben ihre speziellen Freunde.

Eines Mittags wollte ich es der Dame gleich tun und Lora kraulen. Schon über eine Woche, die allererste meiner Lehrzeit, war ich im Vogelhaus eingeteilt und hatte nicht den geringsten Hinweis, dass Lora blind war. Natürlich sprach ich sie an, aber den Finger von einem Neuling gleich in ihrer gelben Haube dulden, war doch zu viel. Die Narbe durch ihren Biss an meinem rechten Zeigefinger ist noch heute zu sehen. Eine Lehre fürs Leben war es auf jeden Fall. Auch fremde Hunde fasse ich, wenn überhaupt, als Rechtshänder nur mit der Linken an. Schon, um dem Arzt noch eine Unterschrift geben zu können.

Kein Kollege wollte gern im Vogelhaus arbeiten, warum auch immer. Besonders gern tat ich es auch nicht. Aber immerhin war es ein Revier, in dem man nicht mit Gummistiefeln arbeiten musste. Das ist eine der unangenehmeren Seiten des Tierpflegerberufes.

Zurück zu den Rollkäfigen, zum Kuckuck. Kaum ein Besucher, der nicht versucht hätte, durch eigenes Rufen ihn zum Rufen zu animieren. Er blieb stumm. Waren die Besucher aber ein Stück weiter oder schon an der Tür, rief plötzlich der Kuckuck „Kuckuck, Kuckuck". Viele kamen zurück. Jetzt war ich wieder still. Meine Stimme war ja noch sehr sängerknabenähnlich.

Wenn eine ganze Schulklasse versuchte, den Papageien ein Wort zu entlocken, blieben auch diese bei diesem Kauderwelsch stumm. Einer der Schüler blieb zurück und versuchte es erneut. Jetzt die Lehrerin, schon ein Stück weiter mit der Klasse: „Gerhard, komm jetzt endlich." Er kam. Da rief einer der Papageien: „Gerhard komm jetzt, Gerhard komm jetzt." Alle kamen wieder zurück, waren fröhlich. Vielleicht habe ich sogar für ein Aufsatzthema gesorgt.

Auch Männergruppen versuchten immer wieder, die Papageien zum Plappern zu animieren. Wenn sie nach kurzer Zeit kapitulierten und weitergingen, rief mein Kakadu „Plattkopp, Plattkopp“ hinterher.

Ich war bei der Arbeit hinter den Rollkästen für die Besucher nicht sichtbar. Das Sandsieben, Sitzstangen ab- und Wassernäpfe auswaschen hat durch diese Späße auch etwas Freude gemacht.

Um zur Reinigung die Käfige frei zu haben, wurden die Vögel durch einen Zwischenschieber zur Seite in nur einen Käfig gesperrt. Dabei war besondere Vorsicht angebracht. Einem älteren Kollegen passierte das Missgeschick. Er verletzte die Partnerin des Glockenvogels tödlich. Die Aufregung war groß. Dafür wurden 70 Mark vom Lohn einbehalten. Das waren 25 Mark mehr, als ich damals im ersten Lehrjahr verdiente. Am traurigsten war natürlich der Glockenvogel, der seine Partnerin verlor. Tagelang rief er jetzt noch öfter als er es ohnehin schon tat nach seiner Partnerin. Durch Zurückrufen vom anderen Ende des Hauses habe ich ihm suggeriert, dass zumindest noch einer in der Nähe ist. Ob er es wirklich geglaubt hat? Geantwortet hat er mir jedenfalls.

Ersatzstimmen – gummibereifte Artgenossen

Um Tiere artgerecht zu halten, müsste man bei einigen Tierarten ein zweites Rudel, eine weitere Herde oder Gruppe halten. Nicht etwa zur Blutauffrischung, denn das funktioniert durch den internationalen Austausch mit den weltweit vorhandenen Tiergärten sehr gut. Ich denke eher an das Akustische im Tierreich. Ob Rentiere Herzklopfen bekommen, wenn ihre nur zwei, drei Steinwurf entfernten Feinde, die Wölfe, heulen? Man weiß es nicht. Mit der Zeit wissen sie, von dem Geheul geht keine Gefahr aus. Vermutlich haben sie niemals einen Wolf zu Gesicht bekommen. Die Wölfe aber müssen im Zoo auf die akustische Kommunikation mit anderen Rudeln verzichten. Deshalb nutzen sie Ersatzstimmen, mit denen sich die Urväter aller Hunde austauschen können.

In Frankfurt waren sie damit gut versorgt. Sie hatten eine besondere Vorliebe für Martinshörner entwickelt. Ob dieser technische Heulersatz ein Ohrenschmaus für sie war, wird man wohl nie in Erfahrung bringen. Ein Ersatz war er aber allemal. Die Wölfe jedenfalls begrüßten jedes der häufig auch direkt an der Zoomauer entlang brausenden Rettungsfahrzeuge, sei es Polizei, Feuerwehr oder Krankenwagen, mit inbrünstigem, vereintem Geheul.

Auch nachts, sicherlich zum Leidwesen der Anwohner. Bei den Krankenwagen war das zu verstehen. „Es könnte ja Essen auf Rädern sein", sagte einmal der stellvertretende Zoodirektor in einer Radiosendung zum Thema Ersatzstimmen. Sicher, etwas makaber, aber aus Sicht der Wölfe treffend.

Leider habe ich in Freiheit nie Wölfe heulen gehört. Auch nur einen Einzelgänger in Finnisch-Lappland gesehen, an einem überfahrenen Rentier. Dass ich wenige Kilometer weiter in der Tundra nur mit Schlafsack übernachten musste, war mir damals sehr unheimlich. Aber er war ja satt. Und wie hat Eugen Roth so schön gesagt:

„Die Wölfe einzeln nichts bedeuten,
gefährlich werden sie als Meuten."

Ersatzstimmen – Elefanten

Direkt gegenüber der Elefantenanlage befanden sich Volieren, in denen Eulen untergebracht waren. Ich war mit der Reinigung dieser Volieren gerade fertig. Die weißen Kotkalkflecken, das was von den Mäusen übrig war, hatte ich mit der Bürste entfernt. Der Bodenbelag war durchgeharkt.

Zum Schluss wurden die Wasserbecken gereinigt. Diese befinden sich jeweils im vorderen Volierenteil und sind von außen zum Nachfüllen mit Frischwasser gut erreichbar. Aus ökonomischen Gründen geschah das immer mit zwei Gießkannen. Alle hatten frisches Wasser, Uhu, Schnee- und Waldohreulen, auch Stein- und Waldkauz. Die Kannen waren leer.

Auf dem Weg zum Mittagessen kam Horst vorbei. Nach kurzem Gespräch kamen wir auf die glorreiche Idee, in die Gießkannen zu blasen. Beide setzten wir sie wie Trompeten an die Lippen, prusteten im Duett in die großen Resonanzkörper. Wenn es sich auch eher wie röhrender Rothirsch anhörte, die Elefanten waren aus dem Häuschen. Mit weit abgestellten Ohren rannten alle vier durch ihre viel zu kleine Anlage. Staub wirbelte auf. Die Besucher kamen aus allen Richtungen geeilt und hatten ihren Spaß. Endlich war mal was los.

Uns aber wurde ganz mulmig, mit einer solchen Wirkung hatten wir nicht gerechnet. Doch die Dickhäuter wollten sich nicht beruhigen. Wie vom Himmel gefallen, stand plötzlich der Vizedirektor vor uns. „Habt ihr noch alle Tassen im Schrank?“, brüllte er los. „Wenn so etwas noch einmal vorkommt, könnt ihr eure Papiere abholen.“ Na ja, so leicht ging das nicht. Aber in diesem Fall war die Schelte angebracht.

Ersatzstimmen – Siamangs

Wenn der Gesang von Gibbons in Freiheit, also in Java, Sumatra oder Borneo, kilometerweit durch die Urwaldtäler hallt, ist das ein besonderes Naturerlebnis, ein Ohrenschmaus. Eine Steigerung noch, wenn die größten ihrer Art, die Siamangs mit den aufgeblasenen Kehlsäcken, ein solches Konzert inszenieren. Findet dies allerdings im Affenhaus statt, ergreift man, beide Hände auf die Ohren gepresst, die Flucht.

Die Siamangs sind die kräftigsten und größten der Gibbonfamilie. Mit ihren langen Hangelarmen legen sie in Minuten Strecken zurück, für die wir Menschen wesentlich länger brauchten. Ich konnte damals nicht verstehen, dass man solche Tiere in einen 20 Quadratmeter großen Käfig sperrte, der Außenkäfig war nicht größer. Sicher war auch der Platzmangel ein Grund für die Aggressivität des männlichen Tieres. Er konnte blitzschnell durchs Gitter greifen. Brillen waren besonders gefährdet. Mir hatte er im Vorbeigehen von einer neuen, noch sehr festen Blue Jeans eine Tasche mit einem Ruck abgerissen. Erst als ich meinen Schlüsselbund in ihr versenken wollte, merkte ich, dass sie nicht mehr vorhanden war.

Nach einer kurzen Eingewöhnungszeit durften die Siamangs an einem sonnigen Sonntagmorgen zum ersten Mal in den Außenkäfig. Neugierig beäugten sie die neue Umgebung. Mit ihren langen Armen versuchten sie, von den Büschen Laub abzuzupfen. Dann plötzlich begannen die Glocken der Neuen Nicolaikirche, 150 Meter entfernt, zu läuten. Die Siamangs waren total aus dem Häuschen. Offensichtlich glaubten sie an Artgenossen. So laut und erregt hatte ich sie vorher noch nicht erlebt. Ihr ebenfalls glockenähnliches Kehlsackgebell wollte nicht mehr enden. Die Kirchenglocken waren schon lange verstummt, die Affen brüllten weiter. Ob darüber die in der Kirche versammelten Gemeindemitglieder sich empörten, weiß ich nicht.

Am Montagmorgen war jedenfalls die erste Amtshandlung meines Chefs, einen sehr erbosten Pfarrer zu beruhigen. Dies ist Professor Bernhard Grzimek sicher bald gelungen. Doch danach durften wir die Siamangs sonntags nicht mehr vor 10 Uhr herauslassen.

Orang-Utan und die Pfarrer

Zootiere bekommen immer einen Namen, besonders wenn es sich um Persönlichkeiten handelt. Die im Frankfurter Zoo geborenen Gorilla-Zwillingsmädchen zum Beispiel hatten berühmte Namensgeberinnen und Taufpatinnen, nämlich die Tänzerinnen und Zwillingsschwestern Alice und Ellen Kessler.

Als 1956 ein männlicher Orang-Utan von Sumatra zu uns in den Zoo kam, war er noch namenlos. Ein wirklich schönes Tier, schon lange geschlechtsreif, das verrieten seine Backenwülste. Zu dieser Zeit war ich für die Menschenaffen zuständig. Am zweiten Tag nach seiner Ankunft fragte mich Professor Bernhard Grzimek, ob ich mir schon einen Namen ausgedacht hätte. „Eigentlich ja, wegen seines schönen roten Bartes rufe ich ihn Moses. So könnte dieser ausgesehen haben“, antwortete ich. „Gut,“ sagte Grzimek, „aber hoffentlich kann er nicht das Gitter teilen wie Moses das Meer.“

Dem Zoodirektor hatte der Namen gefallen. Er machte sich ein paar Notizen für eine Pressemitteilung. Mittags kamen Fotografen verschiedener Zeitungen. Am Folgetag kam Grzimek, eigentlich sehr gut gelaunt. „Da haben wir aber was losgetreten. Die Telefone laufen heiß. Das mit dem

Moses hat vor allem den Pfarrern nicht gefallen. Einen biblischen Namen für einen Affen, was haben Sie sich denn dabei gedacht? Nennen wir ihn offiziell einfach Moritz, und die Kirche hat wieder ihre Ruhe. Für dich bleibt er halt der Moses. Außerdem haben wir so noch mal eine gute Presse."

Der Nervtöter

Familie Grzimek bekam einen zahmen und angeblich „gut sprechenden" Beo geschenkt. Sein ganzer Sprachschatz aber bestand aus einem Doppelwort. Sobald er den Schnabel zum Ruf öffnete, dies war oft der Fall, sagte er immer das Gleiche. Später dachte ich, dass der freigiebige Schenker möglicherweise Axel Springer gewesen sein könnte. Denn der Vogel rief unermüdlich „Bildzeitung". Immer wieder nur Bildzeitung.

Die logische Folge war, er musste den Wohnungsmittelpunkt der Direktorenfamilie wieder verlassen. Aus dem Wohnzimmer wechselte er zunächst in das Tierzimmer nebenan. Dort waren nur junge Menschenaffen, Schimpansen und Gorillas, untergebracht. Wie begeistert die von diesem Neuling waren, weiß man nicht, eine Abwechslung war er allemal.

Lange Zeit war ich für dieses Tierzimmer zuständig. Schon beim Betreten in der Frühe schallte mir „Bildzeitung" entgegen. Während der etwa zweistündigen Arbeit versuchte ich immer wieder, ihn auf „guten Tag"

umzustimmen. Keine Chance. Aus dem Tierzimmer zog er in das neue Vogelhaus um, dort in die weiträumige Freiflughalle. Dort war er zusammen mit dutzenden exotischer Vögel. Vom Roten Paradiesvogel bis zur Viktoriafächertaube. Er hatte dort mehr Abwechslung, mehr Kurzweil. Er rief nicht mehr so oft. Sobald aber Besucher in die Halle kamen, dauerte es nicht lange, bis aus dem Pflanzengewirr des Kunsturwaldes sein schon bekannter Ruf erschallte. Am wenigsten glaubten die Zoobesucher an einen Vogel, an Spaßvogel vielleicht. Bis er, deutlich sichtbar, rufend hin und her flog und die Begeisterung steigerte.

Wenn ich mich recht erinnere, starb er an einer von einem Besucher verabreichten kleinen Batterie, die er verschluckte.

Illustre Kollegen

Auf dem Weg zum Zoo standen morgens fast an jeder größeren Straßenbahnhaltestelle „Bildzeitung“ rufende Verkäufer. Der am Schauspielhaus sein Blatt feilbot, hatte immer die interessantesten Schlagzeilen. Wahr oder unwahr? Köstlich haben wir uns allmorgendlich in der Bahn amüsiert, wenn er zum Beispiel rief: „Bild sprach mit dem Toten“ und dann reißenden Absatz hatte. Eines Morgens drangen diese Worte zu den Fahrgästen nach innen: „Bildzeitung, Bildzeitung! Adolf Hitler auf der Königsteiner Burg gefunden!“ Da ist einem das Lachen schon eher vergangen.

Tage später, an einem Freitagmorgen, kam wie jeden Tag der Oberwärter bei seiner Rundfahrt am Elefantenhaus vorbei. Dort hatte ich Dienst. Fragte, ob alles in Ordnung sei und kündigt mir an, um 10 Uhr einen neuen Mann vorbei bringen zu wollen. Er sollte mir helfen, das Becken der Seeelefanten zu reinigen. Er meinte noch, der Neue sei ein kräftiger Kerl, ein Melker aus Nordhessen.

Gegen 10 Uhr stellte er mir den Helfer vor. Ich habe meinen Augen nicht getraut. Sagte nur: „Adolf Hitler auf der Königsteiner Burg.“ Er grinste und meinte, das sei doch etwas zuviel gewesen. Er hatte Oberarme wie Schwarzenegger, eine lebende Melkmaschine. Mechanische gab es noch nicht.

Fränkli

Vom Duschraum her war ein ständiges Fluchen bis herüber zum Umkleideraum zu hören. Das weckte meine Neugier. Mit dem ersten Schritt und den Worten, „Was hast du denn für ein Problem?“, in den Waschraum kommend, schallte mir ein „halt, stopp, stehen bleiben!“, entgegen. Als hätte ich illegal eine Grenze überschritten. Dicht am Boden, nackt, die Nase fast an den pfeffer- und salzfarbigen Kacheln kroch Fränkli, der neue Schweizer Kollege. Suchte seine Kontaktlinsen, wie ich sogleich erfuhr.

Natürlich ist das nichts Außergewöhnliches. Aber dass Fränklis Oberkörper einer gut illustrierten Tierzeitschrift glich, machte die Sache lustig. Neben allerlei gab es einen fauchenden schwarzen Panther, einen springenden Löwen, quer über den ganzen Rücken einen schleichenden Tiger. Dieser auf einem kriechenden Tierpfleger.

Fränkli war mit seinen Tätowierungen der Zeit weit voraus. Vor 40 Jahren etwas für Seeleute, oder solche, die man eine Zeit lang nicht sah, wegen der „Schwedischen Gardinen".

Heute sind die Tätowierungen des Tierpflegepersonals durch die TV-Präsenz manchmal bekannter als die Gesichter der Zoodirektoren.

Luxseife

Etwa zur gleichen Zeit, auch wieder im Waschraum, wunderte ich mich abends einmal über einen zur Probe eingestellten Kollegen. Am ganzen Körper eingeseift lief er mit ausgebreiteten Armen hin und her, auf und ab. „Lässt du die Seife einwirken?", fragte ich ihn. „Nein, trocknen", entgegnete er. „Wie, du spülst die Seife gar nicht runter?". „Wieso denn das, da brauch ich auch nicht die teure Luxseife zu verwenden, wenn ich sie anschließend wieder runterspüle."

Luxseife, damals angeblich die Seife der Filmschauspieler. Tatsächlich hat er sich nach dem Trocknungsprozess seine Kleider angezogen, uns noch einen schönen Abend gewünscht und ist davon.

Das Gleiche tat er übrigens noch öfter, für uns ein unerträgliches Gefühl, bis er vorzeitig seine Probezeit beendete.

Ein Japaner muss mal?

Die Eisbären waren morgens immer die ersten, die ich auf die Freianlage gelassen habe. Doch zuvor war die tägliche Reinigung erforderlich. Gerade war ich dabei, mit einem Schlauch und starkem Wasserstrahl die Freifläche der Anlage abzuspritzen, da grüßte auch schon der erste Besucher. „Hi." Ich wandte mich ihm zu, grüßte mit einem „hi" zurück.

Zwischen ihm und mir waren der tiefe Wassergraben und die Absperrmauer. Wir befanden uns auf gleicher Höhe. Von ihm war nur der Oberkörper zu sehen. Dieser bewegte sich rasch mal zwei Meter nach links, drehte sich fast auf der Stelle, dann zurück nach rechts. Er rief immer wieder „hi". Ich dachte, der muss mal.„Brauchen Sie eine Toilette?" Er rief „hi" zurück. So ging das noch eine Weile. Ich dachte, der spinnt wohl. Dann ging er mit einem letzten „hi" und Kopfnicken davon.

Jetzt löste sich das Rätsel. Er saß auf einem Einrad. Beide Hände hatte er auf der Sattelspitze aufgestützt, was für mich so ausgesehen hatte, als würde ihm bald die Blase platzen.

Ein ideales Fortbewegungsmittel im großen Zoo ist so ein Einrad, dachte ich.

“Ein Mensch, der die Natur nicht liebt, ist mir eine Enttäuschung. Fast misstraue ich ihm.”

Otto von Bismarck

Grzimek Juniors Gazellensprung

Honigdachse sind meist nachtaktive Tiere. Nicht nur in ihrer Heimat verschlafen sie den Tag. Das pflegte auch der Neuankömmling bei uns im Zoo so zu machen. In einem der zwei gitterlosen Außengehege des Kleinsäugetierhauses untergebracht, verschlief er vor den Augen der Zoobesucher die Tage. (Ehrlich gesagt war es das Beste, was er in diesem viel zu kleinen Gehege tun konnte.) Da halfen auch das ständige Händeklatschen oder gelegentliches Steinchenwerfen der Besucher nichts.

Ich war mittags gerade mit der Futterzubereitung für die Kleinsäuger beschäftigt, da klopfte Grzimeks Sohn Michael an die Tür, behängt mit Fotoapparat und Blitz. Er wolle gern den Honigdachs fotografieren. „Hat er schon Futter bekommen?“ „Nein, kann ich aber gleich erledigen.“ Michael ging schon mal vor zum Dachs. Kurz danach folgte ich ihm mit der Futterschüssel zum Gehege.

Da saß er in der Hocke schon mittendrin direkt vor dem noch schlafenden Dachs. Die zweiäugige Rollei und den Blitz auf ihn gerichtet, stampfte er mit dem rechten Fuß heftig auf den Steinboden. Natürlich mit der Absicht, ihn zu wecken. Der Dachs hob prüfend seinen Kopf, schaute direkt in das auf ihn gerichtete Fotozeug mit der Gestalt dahinter. Nur Sekundenbruchteile vergingen, dann griff er unvermittelt mit einem Sprung und Schrei den Eindringling an.

Dieser sprang ebenfalls erschrocken, fast synchron rückwärts über die Absperrmauer aus dem Gehege. Mir war gar nicht in den Sinn gekommen, dass der Junior da einfach reinsteigen würde. Aber wer in der Lage ist, aus der Hocke zwei Meter rückwärts zu springen, kann auch mal so etwas riskieren.

Bilder wurden dann keine mehr gemacht, wegen der zitternden Hände. Wenn man das kräftige Gebiss und die langen Grabkrallen der Tiere kennt, war das schon mehr als eine Mutprobe gewesen.

Gottgesandter

Bevor man am Abend sein Revier verließ, ist eine abschließende Kontrollrunde unerlässlich.

Beim Kleinsäugetierhaus kommt noch eine Außenrunde dazu. Hinter dem Haus, aus dem Gehege der Skunks, höre ich eines Abends ein mehr als seltsames, ein klatschendes Geräusch. Unten in dem Gehege sitzt eine ältere Dame in der Ecke und schlägt immerzu mit der flachen Hand auf ein Buch, das sie in der anderen hält. Vor ihr laufen die beiden Skunks hin und her, als wollten sie die alte Dame vertreiben.

„Ja was machen Sie denn da bei den Stinktieren?", frage ich sie. „Ach was ein Glück, dass Sie kommen, es ist ja schon gleich dunkel. Ei, mir ist das Buch da rein gefallen." „Ja, da hätten Sie mich doch holen können, ich war doch hier im Haus." „Dann hätten die das Buch vielleicht kaputt gemacht. Das Reinsteigen war auch noch möglich, aber raus bin ich nicht mehr gekommen. Ich bin ja auch schon 81 Jahre alt, wissen Sie. Das Buch, Hundertjähriger Zoo, habe ich am Kiosk für mein Urenkelchen gekauft. Was für ein Glück, dass der Herrgott Sie mir geschickt hat."

Zoo Basel oder „Du bist ja ein richtiger Grzimek“

Um besser auf die Arbeit mit Dickhäutern im Frankfurter Zoo vorbereitet zu sein, wollte ich einige Wochen im Baseler Zoo arbeiten. Gerade für die vorbildliche Haltung und Zucht dieser Tiere war Basel uns Tierpflegern bekannt. Behrens, der Pfleger der Elefanten, hatte mich bei einem früheren Besuch nachhaltig begeistert.

Seine Vorführung mit fünf erwachsenen Elefanten vor Publikum im Freien war einzigartig. Auch das Reiten auf Elefantenbullen quer durch den Zoo war nicht nur für Kinder im wahrsten Sinne ein Riesenerlebnis.

Meine erste Woche in Basel begann ich bei den Panzernashörnern, von denen gab es drei. Außerdem etwa zehn Zwergflusspferde und ein Pärchen Schabrackentapire. Der für diese Tiere zuständige Schweizer Kollege war gerade von einem schweren Unfall genesen, der ihn einige Wochen dienstunfähig gemacht hatte. Deshalb war meine Hilfe dort bei ihm besonders willkommen.

An meinem ersten Morgen in seinem Revier betraute er mich zunächst damit, die zehn, je etwa zwölf Quadratmeter großen Innenställe der Zwergflusspferde zu reinigen.

Wie ihre großen Artgenossen haben auch die Zwerge die Angewohnheit, ihren Kot mit blitzschnellem Schleudern ihres Schwanzes gleichmäßig zu verteilen. Meist geschieht dies unter Wasser und ist kaum zu beobachten, weil die Brühe so trüb ist. Im Stall aber waren alle Wände rundum fast bis Augenhöhe mit grünbraunen „inneren Werten“

verkleistert. Von unten bis oben spritzte ich alles nass, sämtliche Ställe. Einweichen ist die halbe Arbeit.

Es folgte das Auskehren und Abschrubben der Wände, picobello wie in Frankfurt gewohnt. Im Baseler Zoo waren die Schrubber um die Hälfte größer als bei uns, ein Vorteil für effektives Arbeiten.

Pünktlich um 9 Uhr 30 kamen Direktor, Vize, Doktorand, Oberwärter und Werkmeister zur Morgenrunde. Gerade hatte ich den vorletzten Stall in Arbeit. Freundlich wurde ich begrüßt, meine Arbeit begutachtet und sich nach meinem Wohlergehen erkundigt. Mein Kollege wurde zur Seite genommen und in ein intensives Gespräch verwickelt.

Als sie endlich gegangen waren, kam er zu mir, schimpfte sichtlich erregt, sein Schwyzerdütsch war für mich kaum zu verstehen. Als ich ihn um eine für mich verständliche Wiederholung bat, musste ich erfahren, zu gut, zu sauber gearbeitet zu haben. Er meinte ich sei verrückt, so müsse er jetzt jeden Tag reinigen. „Du bist ein richtiger Grzimek“, waren seine letzten Worte, bevor er zur Frühstückspause ging. Für mich freilich ein Kompliment. Beim gemeinsamen Frühstück erzählte ich ihm ein Erlebnis, das ich mit diesem Grzimek gehabt habe.

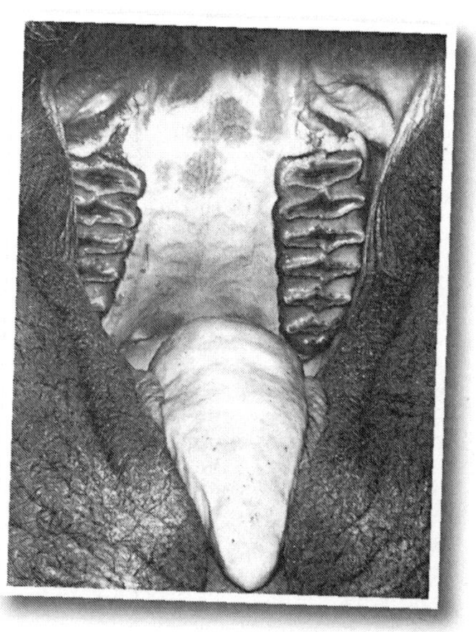

In Anbetracht meiner von der Morgenarbeit verschwitzten Kleidung sagte Professor Bernhard Grzimek einmal: „Haben Sie kein frisches Hemd?“ Er komme gerade von einer Zoo-Reise aus Südeuropa zurück. „Dort stehen um 10 Uhr die Tierpfleger geschniegelt und gebügelt vor ihren Tierhäusern, fast wie die Soldaten“, erzählte er. Im Innern der Häuser treibe einem der Gestank die Tränen in die Augen. Da seien ihm seine Pfleger mit verschwitzten T-Shirts, aber sauberen und wohlriechenden Tierunterkünften viel lieber. „Ich wünsche Ihnen noch einen schönen Tag.“

Nach acht Tagen wechselte ich in Basel in das Elefantenhaus. Mein Grzimek-Image hatte ich weg, es muss sich schnell im Zoo herumgesprochen haben, zumindest die männlichen Kollegen waren anfänglich sehr reserviert.

Omari, der etwas weniger dominante der beiden Elefantenbullen, hatte schnell Zutrauen zu mir. Allmorgendlich erwartete er seine Streicheleinheiten. Am liebsten wollte er auf seiner großen Zunge gekrault werden. Dabei ertönte dumpfes Kollern, fast wie bei einem Motor, aber auch dem Schnurren von Katzen ähnlich. Sichtlich genoss er diesen Kontakt. Ich auch. Freundschaft mit so einem riesigen Tier bleibt einem unvergesslich.

Meine Versuche, eine ähnliche Nähe mit Katoto aufzubauen, scheiterten. Er war spürbar uninteressiert, sogar ablehnend. Ich führte es auf den engen Kontakt, den ich mit Omari hatte, zurück. War es Eifersucht? Da er die morgendliche Tuchfühlung zwischen uns beiden nicht sehen konnte, musste er sie über die Lautäußerungen seines Artgenossen wahrgenommen haben. Sie standen in getrennten Ställen, jeder Bulle mit zwei Kühen. Dazwischen lag das für die Dickhäuter so wichtige Schwimmbad, von hohen Mauern umgeben.

Zu der Morgenarbeit gehörte das Abfegen der Elefantenrücken. Mit einem großen Reisigbesen wurden Heu und Futterreste beidseitig abgekehrt. Bei den Kühen Ruaha und Iduna hatte ich das gerade erledigt. Nicht das erste Mal, es war schon mein vierter Tag in ihrem Haus.
Jetzt war Katoto an der Reihe. Seine rechte Seite hatte ich gesäubert, ich erhob den Besen zur Fortsetzung auf der linken. So schnell konnte ich gar nicht reagieren, wie er mir seinen nach innen aufgerollten Rüssel gegen die Brust schleuderte. Ich torkelte rückwärts bis zur Stallwand, dort sackte ich zusammen und blieb nach Luft ringend am Boden kauern.

Behrens kam vom Nebenstall herbei geeilt. Seine Frage: „Was ist passiert?“, konnte ich nicht beantworten, mir blieb die Luft weg. Ich konnte ihm nur andeuten, direkt auf den Solarplexus getroffen zu sein. Er half mir, mich zu erheben und die Arme zu strecken. Allmählich konnte ich wieder normal durchatmen. Jetzt schilderte ich ihm den genauen Hergang. Er sagte: „Das darf der auf keinen Fall tun.“

Nach einer viel zu kurzen Erholungspause bat er mich, genau da weiter zu machen, wo es passiert war. Ich wollte es nicht glauben, aber er fügte hinzu: „Wenn du dir keinen Respekt verschaffst, kannst du gleich nach Hause fahren.“ Darüber war ich mir im Klaren. Diesmal wäre ich nicht unvorbereitet. „Dann geh mal rein, ich bin für ihn nur scheinbar weg, sobald er die geringsten Anstalten macht, kriegt er ordentlich was auf die Nuss.“ Nach genau vier Sekunden schleuderte Katoto erneut seinen Rüssel gegen mich. Sofort begann ich mich lauthals und mit dem Besen zur Wehr zu setzen. Behrens unterstützte mich.

Danach musste ich Katoto abketten und mit ihm mehrere Runden in der Außenanlage drehen. Das Riesentier folgte mir wie ein Hund. Zwischendurch musste er Übungen machen, sich legen, über Baumstämme steigen, meine Befehle ausführen.
Freunde sind wir keine geworden, aber wir haben uns fortan respektiert.
Als wenige Tage später Beira das erste Mal in ihrem Leben, sie war etwa zehn bis zwölf Jahre alt, Paarungsbereitschaft zeigte, war Katoto der Interessiertere von beiden Bullen. Doch seine Bemühungen waren meist Fehlversuche, es wollte ihm einfach nicht gelingen, sein erigiertes Riesenglied bei der bereitwilligen Beira einzuführen.

Von beiden Seiten versuchten Behrens und ich, ihm behilflich zu sein, indem wir diesen feuerwehrschlauchdicken glitschigen Penis dorthin manövrierten, wo er hin sollte.

Von Seiten der zuschauenden Besucher gab es Manöverkritik, sicher gut gemeinte. Wir beide waren jedenfalls über und über mit Elefantensperma besudelt, bis es dann endlich klappte. Mit Nachwuchs hat es bei Beira allerdings nie geklappt.

Sali und der Wehrdienst

Bei der Bildserie, die ich von Sali, dem Orang-Utan-Mädchen mit der Schüssel machte, muss ich zwangsläufig immer daran denken, dass mich Professor Bernhard Grzimek dreimal erfolgreich vom Wehrdienst zurückstellen ließ. Jedes Mal schrieb er an die Behörden, er brauche mich dringend für die Pflege seiner Elefanten.

Das konnte mir nur recht sein, wollte ich doch die Zuständigkeit für die Dickhäuter nicht verlieren. Für 18 Monate einfach weg sein, hätte sicher der Bindung geschadet. Sicher hätte ich das Beste aus dieser Zeit gemacht. Von Zivildienst war damals noch keine Rede. Auch die Tatsache, dass mein Vater durch das Tragen eines Stahlhelms schon früh eine Glatze bekommen hatte, machte mir Sorgen. Im Nachhinein weiß ich, dieses Ungemach konnte ich fast 20 Jahre nach hinten verlagern. Möglicherweise dank Grzimek.

Bei seinen regelmäßigen Rundgängen durch den Zoo kam er selten in das Elefantenhaus. Als das aber mal Samstagmorgens doch der Fall war und er fragte, ob alles in Ordnung sei, konnte er nicht wissen, dass bei mir das Fass voll war mit Unzufriedenheit.

Ich entgegnete: „Hier ist überhaupt nichts in Ordnung. Mal abgesehen davon, dass ich heute erneut keine Hilfe habe bei der Reinigung der Robbenbecken. Schauen Sie sich mal die Füße der Elefanten an: tiefe Risse bis ins Leben. Da nutzt meine ganze Pediküre nichts mehr. Der Boden ist total versifft durch den ständigen Pinkel der Elefanten. Im Menschenaffenhaus geben sich die Vorgesetzten die Klinken in die Hand, hier aber tritt kaum einer in Erscheinung."

Während meiner Wortsalven wurde er zu allem Ungemach auch noch von einer Gruppe Frauen in Trachtenkleidung umringt, die Autogramme von ihm wollten. Er sagte: „Schauen Sie sich mal die Böden in anderen Zoos an, da ist es doch auch so." Jetzt entgegnete ich ihm, während er zum Ausgang eilte: „Aber gerade von den anderen wollten wir uns doch abheben, oder?"

Eine Stunde später musste ich mit Sack und Pack das Elefantenhaus verlassen. So hatte es der Chef angeordnet. Möglicherweise dachte er, jetzt muss er doch noch zum Militärdienst. Musste ich nicht, denn die Behörden haben ja von der Auseinandersetzung nichts mitbekommen. 14 Tage später hat Grzimek sich bei mir für diesen Rauswurf entschuldigt. Das wiederum konnte nur er. Kaum einer meiner vielen Vorgesetzten hätte nur ansatzweise so etwas fertig gebracht. Jetzt hatte ich aber auch meinen Stolz. Zu den Elefanten wollte ich nicht mehr zurück.

Zusatzverdienst auf krummen Wegen

Ich war damit beschäftigt, an jeden der Elefanten eine Schubkarre voll Karotten und Runkelrüben zu verteilen, als eine Frau in das Dickhäuter-Haus gerannt kam, völlig aufgebracht. „Herr Wädder, Herr Wädder, der aane Elefant hot merr mei Handdasch weggerisse.“ Was soviel hieß wie: Einer der Elefanten hat mir meine Handtasche weggenommen.

Das passierte Besucherinnen immer wieder, wenn sie, die Handtasche über den Arm gehängt, einem Elefanten Futter geben oder nur den Rüssel berühren wollten. Für Baroda, die junge Elefantendame, war in solchen Momenten die Tasche oder der Beutel interessanter als das langweilige trockene Brot.

Kleine Taschen wurden komplett zwischen die fast backsteingroßen Zähne gesteckt und schluckfertig zermahlen.

Auf größere Taschen stellte sie ein Bein und riss sie mit dem Rüssel zunächst in Teile. Verspeist wurden diese dann von allen Elefanten.

Bis ich zum Ort des Geschehens eilen konnte, waren Ausweise und sonstige Papiere meist schon auf dem Weg zum Elefantenmagen, samt Schlüsselbund, Lippenstift, Kamm und Geldbörse. Meine Sorge waren Parfümflaschen oder Spiegel und Arzneimittel.

Die aufgeregten Betroffenen gaben mir bereitwillig ihre Personalien. Bei der Nachfrage nach ihrer Haftpflichtversicherung wurden sie jedoch stutzig. Wegen der zuletzt genannten Gegenstände mussten wir aber mit unangenehmen Folgen rechnen. Fast niemals meldete sich eine der Betroffenen wieder.

Am Tag nach einem Handtaschenraub ging das Suchen und Stochern in den ein Kilo schweren Elefantenkugeln los. Die Metallbügel und Verschlüsse der Taschen waren das Erste, was sichtbar wurde. Auch das Leder wurde nicht verdaut. Am Interessantesten war natürlich das Hartgeld, unser Zusatzverdienst. Es wurde ja nie abgeholt. Das Papiergeld und die Ausweise wurden verdaut. Wir waren natürlich immer froh, wenn es nicht zu Komplikationen und Magenverstimmungen kam.

Im Auftrag des Oberwärters brachte ich einmal eine große Schubkarre mit Elefantenmist zum Direktor des zoonahen Gagern-Gymnasiums für den Schulgarten. Dafür erhielt ich von ihm fünf Mark Trinkgeld. Im nächsten Frühsommer erfuhr ich, dass nahezu der komplette Samen, der sich im Heufutter der Elefanten befunden hatte, zusammen mit den Kulturpflanzen aufgegangen war. Dafür sind Elefanten bekannt, dass sie in Freiheit wesentlich mit dazu beitragen, auch karge Gegenden mit ihren kiloschweren, mit Samen angereicherten Kugeln zu begrünen.

Als ich einmal Gleiches tat und unsere Geranien mit frischem Zebramist düngte, waren sie zwei Tage später braun und leblos. Der Ammoniak im Mist hatte sie ausgelöscht. Auch eine Erfahrung fürs Leben.

Während meiner Arbeit als Bärenpfleger füllte ich im Auftrag der Direktion fast vier Jahre lang einem geheimnisvollen Mann regelmäßig ein großes Fass mit Bärenkot. Etwa alle sechs Wochen wurde es abgeholt und ein leeres gebracht. Meine Nachfrage, was er mit so viel Bärenscheiße mache, quittierte er nur mit einem Lächeln. Immer bekam ich eine Flasche Wodka für meine Arbeit und keine Antwort. Den Wodka habe ich gegen Schokolade getauscht.

Erst als ich ihm drohte, ihm nichts mehr zu liefern, verriet er mir das Geheimnis. Er füllte den Bärenkot in eine große Teigknetmaschine und mischte ihn mit Industriespeisefett. Das Produkt kauften die Bauern und verteilten es in kleinen Mengen alle vier, fünf Meter am Rand ihrer Getreide- und Kartoffelfelder. Damit wurde den Wildschweinen vorgegaukelt, die Bären seien schon da und die Schweine zogen sich zurück in den Wald.

Eine clevere Methode, um von den Feldern Schaden abzuwenden und (aus Scheiße) Geld zu machen. Wäre heute eine gute Ich-AG-Idee.

Gotland-Elefanten

Etwa zwei Jahre war ich als Pfleger für die Elefanten zuständig, als ich mit Frau und Vespamotorroller eine Reise zur Vogelinsel Stora Karlsö unternahm, die der schwedischen Insel Gotland vorgelagert ist. Jährlich kommen dorthin zur Brutzeit viele tausend Trottellummen und eine Vielzahl anderer Seevögel wie Tordalken und Grillteisten. Sogar ein Brutpaar Wanderfalken war dort anzutreffen.

Vom südschwedischen Oskarshamn setzten wir mit der Fähre nach Visby auf Gotland über. Schon am nächsten Morgen fuhren wir mit unserer Vespa weiter Richtung Klintenhamn. Von dort wollten wir mit einem kleinen Schiff zur Vogelinsel übersetzen.

Etwa zehn der 35 Kilometer hatten wir schon hinter uns gebracht. Es war ein schöner sonniger Vormittag, kaum Verkehr. Da tauchten vor uns mitten auf der Asphaltstraße sieben große hintereinander liegende Kotkugeln auf. Wir hielten an. Eindeutig ganz frischer Elefantenmist mit dem mir vertrauten guten Geruch. Zuhause musste ich täglich, zusammen mit Nashorn- und Flusspferdmist, einige Zentner beseitigen. Das war mehr als seltsam im Land der Elche, der Schafe, der Gotlandponys.
Schweden, Schafinsel, Elefanten? Will uns jemand einen Streich spielen? Etwa versteckte Kamera?

Wir fuhren weiter. Keine 400 Meter weiter wieder das Gleiche. Wir fuhren Slalom zwischen den im Meterabstand liegenden Kiloklößen. Der geheimnisvolle Kugelsegen wiederholte sich noch viermal, bis wir endlich die Verursacher eingeholt hatten.

Acht ausgewachsene Indische Elefanten rasteten im Schatten von Kiefern nahe der Straße. Zusammen mit jeweils einem Pfleger waren sie ebenfalls auf dem Weg nach Klintenhamn. Dort im Hafen wartete ihr Schiff für die Überfahrt zum schwedischen Festland. Sie gehörten zu einem Zirkus, der auf Gotland ein Gastspiel gab.

Die Kollegen vom Zirkus haben sich köstlich amüsiert, als ich ihnen unsere Geschichte erzählte.

Robbenfütterung

Noch heute habe ich ein kleines Fläschchen mit vielen Angelhaken. Gefunden habe ich sie bei der Kontrolle der Futterfische, die jeder Fütterung voraus ging, Beweis dafür, wie wichtig diese Vorarbeit war und sicher immer noch ist. Meistens in den Mäulern und Kiemen der Dorsche oder im Kabeljau waren sie versteckt. Diese großen Fische waren vorwiegend für die Seeelefanten bestimmt. Manchmal fand ich zwei Monate nicht einen, dann aber in einer Lieferung gleich zwei Haken.

Die Fütterungen fanden täglich dreimal statt. Immer wurden sie mit Geläute angekündigt. Dazu diente ein Stück Eisenträger, gegen den mit einer kurzen Stange geschlagen wurde. Sofort setzte sich fast die ganze Besucherschar Richtung Robben in Bewegung. Die ersten acht bis zehn Heringe oder Makrelen erhielt immer der Seebärbulle. Er kannte diese Reihenfolge. Über die größtmögliche Distanz, diagonal über das alte Becken, flogen ihm die Fische zielgenau ins Maul. Währenddessen blökten und bellten die übrigen Robben im Wasser. Auch das Publikum begann zu protestieren: immer nur einer. Aber das war so gewollt.

Sonntags hatte der Seebär einmal einen Hering nicht exakt fangen können, lenkte den glitschigen Fisch nach außen, einem Besucher gegen den Hals. Von dort glitt er der Nachbarin direkt auf Brust und Bluse. Wenn auch indirekt, war es meine Schuld. Den Eimer mit Fischen leerte ich ins Becken und eilte zu den Geschädigten. Natürlich gibt es für solche Vorkommnisse einen Versicherungsschutz. Trotzdem hatte ich einen hochroten Kopf und die beiden Besucher hatten fischbesudelte Sonntagskleidung.

Der Mann nahm es gelassen. Die Frau aber war äußerst ungehalten. Immer wieder rief sie: „Wo kann ich mich beschweren, wo kann ich mich beschweren.“ Keine Chance, sie zu beruhigen. Erst als sich andere Besucher zu meinen Gunsten äußerten, entfernte sie sich.

Der große Mähnenrobbenbulle sprang von dem Felsen manchmal so in das Wasser, dass ein Teil der Zuschauer eine Dusche erhielt. Die trocken gebliebenen, schadenfroh Lachenden bekamen kurz danach ebenfalls ihre Fontäne. Denn je nach dem, wie die Futterfische für ihn von oben in das Wasser geworfen wurden, sprang er eintauchend oder auf das Wasser klatschend hinterher. Ein Spaß nur im Sommer.

Die kalifornische Seelöwin Barbara war ein ehemaliges Zirkustier. Schon deshalb beherrschte sie nicht nur das Balancieren von Gegenständen, sondern auch das publikumswirksame Küssen auf die Wange perfekt . Eine Kombination von Küssen und Bellen führte allerdings dazu, dass meinem Vorgänger Franz Eck das Trommelfell platzte. Schon deshalb habe ich mich lieber von dem tonnenschweren Seeelefantenbullen bei Fütterungen küssen lassen. Eigentlich war es ein Riesenschmatz auf die Backe, auch für das Publikum deutlich zu hören. Dafür bekamen er und seine leichtgewichtigere Frau täglich einen Riesenkorb Frischfisch.

Jahre später erlebte ich diese gewaltigen Tiere in Freiheit, im Süden Argentiniens und in Mexiko, wenn die Fleischtonnen bei Kämpfen um ihren Harem aufeinander prallten. Da hatte auf einmal die Pflege eines solchen Tieres, mit dem ich sogar im Becken zusammen geschwommen bin, einen ganz anderen Stellenwert.

Faust im Nacken

Die zweihöckrigen Kamele oder Trampeltiere teilten sich früher ihre Freianlage mit den kleinsten der Kamelfamilie, den höckerlosen Vikunjas und mit den großen Zeburindern. Fast wie ein Farbklecks dazu eine kleine Herde Walliserziegen. Die Ziegen mit ihrer schwarzen vorderen Körperhälfte und dem weißen hinteren Teil sind durch die Färbung interessante Zootiere. Die lebhaften jungen Zicklein steigern zusätzlich deren Beliebtheit.

In Ermangelung einer Schweizer Hügellandschaft suchten sie Ersatz. Kaum hatte sich eines der Trampeltiere zur Ruhe nieder gelegt, erkoren die Jungziegen die Höcker kurzerhand als Ersatzhügel. Mit Kämpfen von Höcker zu Höcker, Verfolgungsjagden um und Sprüngen über die ruhenden Wüstenschiffe haben sie den Zoobesuchern den Tag schöner gemacht.

Alle vier Familien hatten ein Oberhaupt. Rangeleien gab es fast nur zwischen Bock und Bulle. Der kräftige Walliserbock forderte immer wieder den Zebubullen zum Kampf, obwohl dieser mehr als das Zehnfache seines Körpergewichts hatte. Deshalb endete der ungleiche Kampf meistens so, dass der Bock wie ein Wagen ohne Räder durch die Anlage geschoben wurde oder im Wassergraben landete. Dann musste er an seinem ausladenden Gehörn durchs Wasser und am Seitenausstieg an Land gezogen werden. Interessanterweise hatte der Bulle nicht das Bedürfnis, dem triefend nassen Herausforderer weiter Paroli zu bieten. Schadenfreude ist wohl einzig und allein eine menschliche Eigenschaft.

Es kam der Tag, an dem der Bock ohne Fluchtmöglichkeit in eine Ecke geschoben wurde. Eingezwängt stand er zwischen Haus und Absperrzaun. Der Zebu hatte ihn an der Mauer in die Höhe geschoben. Zum Glück hörte ich sein ängstliches, schafähnliches Blöken. Mit einem Reisigbesen eilte ich ihm zu Hilfe. Damit schlug ich von hinten auf den Bullen ein, so lange, bis er vom Ziegenvater abließ.

Meine Aktivität hatte den Vikunjahengst auf den Plan gerufen. Er stand in vierter Position und griff mich hinterrücks an. Als ich mich ihm zur Abwehr zuwandte, spuckte, nein, rotzte er mir eine volle Ladung seines halbverdauten Futters mitten ins Gesicht. Meine Augen brannten durch den mit Magensaft durchsetzten Volltreffer. Meine Hilflosigkeit ermutigte ihn zu neuen Angriffen, ja sogar Beißattacken. Blind schlug ich mit dem Besenstiel in seine Richtung, bis er von mir abließ, tastete mich bis zum Wassergraben, bückte mich, um mir die Augen auszuwaschen. Schon war er wieder zur Stelle. Ich warf ihm meine Arbeitsjacke über den Kopf, um das Spucken zu unterbinden. Nun konnte ich ihn festhalten und in ein Absperrgehege bringen. Noch immer lag der Ziegenbock schwer atmend in der Ecke. Auch ihn schleppte ich in das Nebengehege, damit er sich gefahrlos erholen konnte. Offensichtlich hatte er keine ernsthaften Verletzungen. Erst jetzt aber konnte ich sehen, dass ich bei meiner Selbstverteidigung den Vikunjahengst so unglücklich am rechten Hinterbein getroffen hatte, dass es gebrochen war.

Fast zeitgleich kamen der herbeigerufene Vizedirektor, Dr. Richard Faust, und Tierarzt Dr. Günter Klöppel. Während ich das Tier am Boden festhielt, damit der Arzt ihm einen

Gehgips anlegen konnte, musste ich ein Donnerwetter des Vizedirektors über mich ergehen lassen. Für mich war der Vorfall schrecklich genug. Zum Glück heilte der Bruch dank des Könnens unseres Zoo-Tierarztes ohne Komplikationen.

Unser Hengst wurde wieder völlig gesund. Der Ziegenbock hat seine Kampfaufforderungen gegenüber dem Zebubullen fortan unterlassen.

Zum Glück hatte sich Ali, der Trampeltierhengst, aus diesem Geschehen herausgehalten. Bei diesen großen Kamelen ist mit größeren Spuckmengen zu rechnen, bei Streitereien untereinander um Futter, bei Hengstkämpfen oder wenn die Stute den Hengst abwehrt. Nie habe ich bei Tieren der Kamelfamilie beobachtet, dass sie aus Langeweile gespuckt haben.

“Sind auch die Hühner gefüttert?”

Otto von Bismarck
auf dem Totenbett

Nidda-Zoo

Anlässlich einer Weltkonferenz der Zoodirektoren 1977 im Frankfurter Zoo wurden ethische Grundlagen festgelegt, nach denen zoologische Gärten zu führen sind. Damit wurden die ohnehin bekannten Probleme für die Haltung vieler Tierarten auch in Frankfurt noch deutlicher. Vor allem für Herdentiere fehlten in dem nur elf Hektar großen Stadtzoo ausreichende Gehegeflächen. Das betraf besonders die Elefanten. Die waren Jahrzehnte unter fast zirkusähnlicher Enge untergebracht. Deshalb musste später auf die Elefantenhaltung ganz verzichtet werden.

Professor Bernhard Grzimek drängte die Politiker der Stadt immer wieder, sich für einen größeren Außenzoo zu engagieren. Viele bedeutende Zoos der Welt verfügten über solche Einrichtungen. Interessanterweise erhielt er damals das Angebot, einen bedeutenden amerikanischen Zoo zu übernehmen. Fast zeitgleich teilte ihm die Stadt mit, es seien zwar Flächen für ein Außenzooprojekt vorhanden, nicht aber die finanziellen Mittel. Nun stellte Grzimek in seiner Eigenschaft als Präsident der Zoologischen Gesellschaft Frankfurt am Main eine Million Mark zur Verfügung und brachte damit die Stadt in Zugzwang.

Die erforderlichen Planungen waren rasch abgeschlossen, und im Nordwesten Frankfurts, im Niddatal, entstand der erste Bauabschnitt. Flache Stallgebäude mit Heuböden für Kinderreitpferde und Dybowskihirsche wurden errichtet. Dem folgten ein Wisentstall mit einer Herde von Nachwuchstieren aus dem Berliner und Prager Zoo und später ein Elchhaus, jeweils mit großen Außenanlagen. Das Elchhaus war allerdings nie bewohnt, wenn man von Schwalben und Obdachlosen absieht.

Bei meinem Interesse für die nordische Natur lag es nahe, mich für die Betreuung dieser Außenanlagen zu bewerben. Nachdem diesem Wunsch positiv entsprochen wurde, wohnte ich schon bald mit meiner Familie auf einer Außenzoo-Baustelle ohne Einfriedung. Manchmal kamen nachts mehr Besucher als tagsüber.

Es begann eine nervenaufreibende Zeit. Frisch Gepflanztes wanderte oft schon in der ersten Nacht in umliegende Klein- und Villengärten, ebenso Baumaterialien. Einmal wurden den Störchen nachts drei bebrütete Eier gestohlen.

Beschädigungen der Anlagen, besonders des Kinderspielplatzes und der Toiletten, waren an der Tagesordnung. Abkürzungen wurden direkt durch Grenzbepflanzungen

getrampelt. Schilder wurden ignoriert. Ich versuchte, die Abkürzungen mit starkem Draht und Pfosten beidseitig abzusperren. Ohne Erfolg. Nun schlug ich zusätzliche Pfosten ein, jeweils nach innen versetzt und mit Stacheldraht bespannt.
Kaum noch jemand versuchte dieses Mehrfach-Hindernis zu übersteigen. Ausnahmen gab es dennoch.

Regelmäßig donnerstagabends kam ein Pärchen zum Tischtennisspielen. Diesmal hatten sie nach einer Stunde genug und machten sich auf den Rückweg. Obwohl ich für beide gut sichtbar auf dem Zaun der Pferdekoppel saß, gingen sie zielstrebig zur Abkürzung. Als sie das erste Hindernis überwunden hatten, rief ich ihnen noch in freundlichem

Ton zu: „Das ist nicht gestattet, dort ist kein Durchgang." Fast als hätte der Mann meine Intervention erwartet, brüllte er zurück: „Was ich hier mache geht dich einen Scheiß an. Kümmere dich um deine Ochsen und nicht um das, was wir hier machen, ist das klar?" Während ich mich sehr zurückhalten musste, die Zähne zusammenbiss, stiegen die beiden über die vier, jeweils einen Meter hohen Absperrzäune.

Hätte ich nicht schon eine Idee gehabt, was in diesem Fall besser war, als diesem „netten Menschen" hinterherzulaufen, hätte es sicher Ärger gegeben. Bis die beiden ihr in einiger Entfernung geparktes Auto erreichten, hatte ich fast alles, was ich für meinen Plan brauchte:
Einen schwarzen Plastikeimer mit 15 Litern Fassungsvermögen, eine Plastikfolie und eine Schaufel. Bis zur Dunkelheit war der Eimer genau in der Mitte zwischen den Absperrungen eingegraben, rundum die Erde beigefüllt. Mit frischem Wisentdung der letzten Nacht füllte ich morgens den Eimer zur Hälfte, darüber Wasser bis zum oberen Rand. Alles sorgfältig verrührt, wurden die inneren Werte mit der schwarzen Folie überspannt, die ich rundum mit Gummis von Einmachgläsern stramm zog. In die Folie fügte ich noch einen glatten Schnitt, bevor ich mit Erde und Laub alles der Umgebung anpasste.

Jetzt legte sich mein Ärger. Doch bis zum nächsten Donnerstag war es noch eine Ewigkeit. Selbst am besucherstarken Wochenende zeigte die Kontrolle alles noch glatt und unversehrt.

Am Mittwoch kam ein Fotograf der Frankfurter Rundschau, er wollte ein Bild mit den Pferden im Vordergrund und dem Haus mit Stall dahinter. Hilfe brauchte er keine, also ging ich meiner Arbeit nach. Donnerstag, der Tag danach, kam Gaby als erste der Mädchen, die die Pferde pfleg-

ten und beim Kinderreiten halfen. Sofort fragte sie, ob ich den Artikel in der Frankfurter Rundschau gelesen hätte. Ja, hab ich, aber eigentlich nichts Neues. „Aber haben Sie auch die Rubrik Bastian gelesen", fuhr Gaby fort, „nein? Dann tun Sie das mal", meinte sie verschmitzt lächelnd. Das habe ich gleich getan und wollte es kaum glauben.

Aber lesen Sie selbst:

Horst in Nöten

„Mir stinkt's!" Mein Freund Horst wäre nicht der erste FR-Fotograf, der — angesichts von Terminen, Aufregungen, Hetze und Hatz — diesen Satz nicht schon mal laut ausgesprochen hätte.

Aber am Donnerstag, da hat's ihn wirklich erwischt. Von der Redaktion zum Nidda-Zoo entsandt, wollte er ein besonders schönes Foto liefern — eben das, das heute unseren Aufmacher ziert.

Weil der Horst halt auch nicht mehr der Allerjüngste ist, suchte er den kürzesten Weg: über einen Stacheldrahtzaun wollte er, friedfertiger Fotograf, in „Schußposition" kommen. Ohne lange Umwege.

Nur war es diesmal eben nicht der Weg des geringsten Widerstandes. Im Gegenteil. Als unser begabter Bildberichterstatter, der vor Demonstrationsort oder bei nächtlichen Großbränden schon ganz andere Barrieren zu überwältigen hatte, vorsichtig in ein Buschwerk trat, gab der Boden nach. Und langsam, bedächtig, versank unser Mann mit einem Bein bis an die Stelle, wo das andere Bein endet, in einem Faß voller Jauche.

Der Rest ist schnell erzählt. Der Wagen stinkt jetzt noch — und der Termin dem Fotografen auch.

„Zum Glück", so erzählte mir der Horst später, „hatte ich noch eine Hose im Schrank. Eine alte, die ich nur bei Demonstrationen anziehe. Und vom Kollegen sind diese Sandalen." Die frischen Söckchen hat er aus dem nahen Kaufhaus geholt.

So bald kriegen wir ihn wohl nimmer zu diesem Sch...-Termin!

Ihr Bastian

Aber was hatte den Fotoreporter bewogen, hinter diesen schon fast wie ein militärischer Sicherheitsbereich abgegrenzten Teil zu steigen?
In seinem Fall war mir das mehr als peinlich.

Ich bin anschließend sofort zur Kotmine und habe sie wieder in Ordnung gebracht, denn für den bevorstehenden Abend, den ich mit Spannung erwartete, war sie ja gedacht. Plötzlich war tatsächlich das Pärchen da und spielte Tischtennis. Eine lange Stunde schaute ich, für sie nicht sichtbar, ihrem Spiel zu. Zwischenzeitlich urinierte der Mann in Hundemanier im Spielplatzbereich.

Schließlich machten sie sich strammen Schrittes auf den Rückweg, direkt zur Abkürzung. Zunächst er zweimal rechtes, zweimal linkes Bein über Draht und Stacheldraht. Nun war er ihr bei der gleichen Aktion behilflich. Dann ein rechter Schritt nach vorn, ein linker und der nächste Rechte endete im mit inzwischen übel riechenden Wisentdung gefüllten Eimer. Wie hatte er sich noch mal sieben Tage zuvor ausgedrückt? Was er hier mache gehe mich einen Scheiß an? So waren wir wieder beim Thema und der Kreis hatte sich geschlossen. Selten war ich schadenfroher als in diesem Moment.

Sich die Nasen zuhaltend stiegen sie zurück, da könnte ja noch mehr sein. Wie ein Fremdkörper zog er das weg gestreckte Bein hinter sich her. Das nächste fließende Wasser gab es an der Nidda, in 400 Metern Entfernung.

Weltraumtraining für Babys

Warum nur benutzten die zwei Familien, fünf Erwachsene mit zwei Kinderwagen, diesen Weg? Holprig, schmutzig, unwegsam, nur für Traktoren geeignet, führte er hinter dem Maisfeld entlang. Möglicherweise wollten sie die Kinder auf eine Weltraumfahrt vorbereiten?

Teilweise zogen sie die Kinderwagen zu zweit über Stock und Stein. Die armen Kinder, dachte ich, denen muss doch kotzübel werden. Der Weg auf der gegenüber liegenden Seite des Feldes war ordentlich, fest, glatt und gut befahrbar, also diese Aktion unverständlich.

Sobald das Kinderreiten im Nidda-Zoo zu Ende war, wollte ich nach den so gebeutelten Babys schauen und sie bedauern. Hinter dem Feld angekommen, sagte ich zu den Großeltern: „Hallo, guten Tag, wollen Sie mit den Babys frische Luft schnappen?“
„Ja viel frische Luft, aber viel kalt, viel kalt heute.“

Als ich in die Wagen schaute, waren die Kinder so zugedeckt, dass sie eigentlich hätten ersticken müssen. Noch mal sagte der Opa, „viel kalt, heute viel kalt“. Jetzt riskierte ich einen Blick unter die Decken und da lagen sie ordentlich warm gehalten: etwa 200 Maiskolben in jedem Kinderwagen.

Eigentlich sollten sie als Wintervorrat für die Zootiere eingelagert werden, getrocknet oder eingefroren und der Rest sollte Silage für Hirsche und Wisente werden. Großzügig schenkte ich jedem einen Kolben, den Rest mussten sie für die Tiere zurücklassen.

Menschenkenntnis
dämpft die Menschenliebe.

Tierkenntnis
erhöht die Tierliebe.

Prof. Bernhard Grzimek

Popcorn

Nur wenige Tage später, kurz nach Mitternacht, bellte Asko, unser Hovawart und Beschützer. Vom Schlafzimmerfenster aus sah ich die Rücklichter eines Autos, es fuhr am nahen Maisfeld entlang und parkte schließlich an der Kopfseite.

Sowohl Durch- wie auch Zufahrt waren dort nicht gestattet, schon gar nicht bei Nacht. Nach kurzer Zeit wurden nacheinander dreimal Autotüren zugeschlagen. Drei Personen? Drei Maiskolbendiebe? Das Brechen der Kolben war deutlich hörbar. Schnell war ich in den Kleidern, um dem ein Ende zu bereiten. Asko, meinen zuverlässigen Begleiter, ließ ich auf halbem Weg Platz machen. Dort würde er auf ein Kommando warten und, sollte ich ihn brauchen, in Sekunden da sein.

Hatten die mich gehört? Als ich an dem Kombi ankam, war jegliches Geräusch im Feld verstummt. Stockdunkle Nacht. Ein erster Zuruf: „Kommen Sie sofort heraus." Nichts tat sich. Ein zweites Mal: „Kommen Sie aus dem Feld." Absolute Stille. Ein energisches drittes Mal mit dem Zusatz, „sonst schicke ich den Hund."

Jetzt kam Bewegung ins Feld. Durch die zwei Meter hohen Maispflanzen raschelte sich jemand eilig den Weg zum Auto. Im Schein meiner Taschenlampe rannte eine pudelnackte Frau um das Fahrzeug herum, versuchte vergeblich und fluchend die verschlossenen Türen zu öffnen. Dann kam auch ihr Adam, ebenfalls splitternackt, aber mit einem Packen Decken unter dem Arm aus dem Maisacker und rannte zum Auto. Ich hatte an Maisdiebe gedacht. Aber nicht an Poppen im Popcorn.

Am Morgen waren eine vier Quadratmeter niedergetrampelte Fläche, ein einsamer BH und eine Schachtel HB übergeblieben, von der gestörten Nachtruhe abgesehen.

Klapperstorch

Um meinem neuen chilenischen Kollegen die Ausmaße des Nidda-Zoos zu zeigen, wo er zukünftig als mein Vertreter arbeiten sollte, machten wir einen Rundgang. Unweit des Weißstorchgeheges stand ein Auto mitten im Grünen versteckt. Dort war kein Weg und das Gelände für Autos ohnehin verboten.

Die Störchin, die eigentlich brüten sollte, lief aufgeregt in der Anlage auf und ab. Beim Näherkommen entdeckten wir hinter den Störchen etwas Helles, das sich rhythmisch im Gras hob und senkte. Ich stellte fest, dass es sich um ein nacktes männliches Hinterteil handelte. Ich sagte empört: „Das gibt's doch nicht, die vögeln da am hellen Vormittag." Der Kollege sagte: „Nein Chef, keine Vögel, Mann und Frau machen Liebe."

Leider mussten wir das Paar durch Zurufe unterbrechen, denn die Störchin sollte sich wieder in Ruhe um ihr Brutgeschäft kümmern können.

Der Schmutzstorch am Liederbach

Mich erreichte ein Telefonanruf der Feuerwehr. In Unterliederbach, einem Stadtteil im Westen Frankfurts, stolziere schon den ganzen Mittag ein Storch am Bach herum. Er sei sehr schmutzig und könne anscheinend nicht fliegen. „Können Sie uns einen Rat geben?“

Insgesamt habe ich im Nidda-Zoo, unserer Außenstelle in Frankfurt, 21 europäische Weißstörche gezüchtet. Meine Antwort kam prompt: „Ich bin in 20 Minuten da, und tun Sie bitte nichts, was ihn verängstigen könnte.“ Durch den abendlichen Berufsverkehr brauchte ich etwas länger.

Als ich vor Ort eintraf, waren vier Feuerwehrmänner damit beschäftigt, den Storch einzufangen. Mit hohen Gummistiefeln und riesigen Stulpenhandschuhen angetan, umstellten sie am Bachrand einen sumpfigen Bereich. Ich kam gerade noch rechtzeitig. Mit solchen Schutzhandschuhen hat man keinerlei Gefühl und würde ihn verletzen. Um den Fluchtweg abzuschneiden, bat ich die Feuerwehrmänner, rundum stehen zu bleiben. Vorsichtig ging ich ins Schilf.

Beim Anblick des Tieres war mir klar: Ich sehe meinen ersten Schwarzstorch in Freiheit. Er machte keinen Fluchtversuch, im Gegenteil, er duckte sich am Boden, wo ich ihn mit sicherem Griff an mich nahm. Äußerlich schien er unverletzt, vor allem die Flügel waren intakt, aber das Brustbein ragte aus dem Gefieder, er war total unterernährt. Noch eine kurze Vorführung für die Presse und die versammelten Passanten, dann ab in die Kiste und Richtung Nidda-Zoo und zum Futter.

Auf dem freien Teil des Heubodens über dem Pferdestall habe ich ihn zunächst untergebracht. Innerhalb einer Stunde verschlang er 15 weiße Mäuse und Eintagsküken. Zusätzlich bekam er die nächsten Tage Vitamine und Aufbaupräparate. Durch die Vogelwarte erfuhr ich von einem zweiten Tier, das offensichtlich auch geschwächt den Südflug verpasst hatte. Dieser wurde in Bad Hersfeld eingefangen. Gut erholt sollte mein Storch 14 Tage später mit diesem zusammengebracht werden.

Vormittags kam der Fahrer der Vogelwarte, um ihn abzuholen. Ihn jetzt einzufangen gestaltete sich weit schwieriger, er war topfit, flog im Gehege herum. Doch bald war er in seinem Transportbehälter zur Abreise untergebracht.

Kaum hatte ich die beiden mit den Wünschen für eine gute Fahrt verabschiedet, begann bei mir ein Jucken an Kopf, Hals und Armen, fast zum Verrücktwerden. Bei näherer Betrachtung stellte ich fest, dass hunderte von Läusen mich als neuen Wirt erkoren hatten. Nur etwa drei, vier Minuten hatte ich den Schwarzstorch im Arm, das hatte der Schmarotzerschar zum Umstieg gereicht. In meiner Not stieg ich in meinen VW-Bus. Durch einen Fensterspalt steckte ich den Kopf nach außen. Mit einer Decke verstopfte ich den restlichen Spalt. Jetzt sprühte ich den Innenraum mit einem Naturpyrethrum-Präparat aus und verharrte so fast eine halbe Stunde, bevor gründliches Duschen den Rest besorgte.

Deshalb war das Tier so geschwächt gewesen. Tausende Blut saugende Läuse und Federlinge, das geht an die Substanz. Auch die beiden Störche wurden nach meinem Anruf in Bad Hersfeld mehrmals mit Puder behandelt. Im Frühjahr, etwa zu der Zeit, als die Artgenossen vom Süden zurückkehrten, wurden beide gesund und wohl gepflegt in die Freiheit entlassen

Wisenttransport

Bei Herdentieren, so auch bei den Wisenten, werden genau so viele Bullen wie weibliche Tiere geboren. Für eine Herde Kühe von bis zu zehn, zwölf Tieren reicht ein Bulle. Ein zweiter würde vom dominanten Tier nicht geduldet. Damit entsteht im Zoo ein Problem. Die eigenen Nachwuchs-Männchen bekommen Ärger mit dem Vater, sobald sie geschlechtsreif werden. Sie müssen also getrennt und nach Möglichkeit an eine andere Einrichtung als Ersatz oder zur Blutauffrischung abgegeben werden.

Als Pfleger dieser Tiere war ich immer froh, wenn ein Platz für den Nachwuchs gefunden wurde. Deshalb war ich begeistert, als ich die Nachricht bekam, einer unserer Jungbullen solle als Ersatz für einen verstorbenen Bullen nach Bern gehen. So ein Wechsel wird genauestens von der Zuchtbuchstelle, im Falle der Wisente in Frankfurt am Main, geregelt.

Um den Transport so kostengünstig wie möglich abzuwickeln, kamen die Kollegen vom Berner Zoo mit einem Lastwagen und eigener Transportkiste.
Wenn Wisente auch robuste Tiere sind, war ich doch erschrocken, dass der Lastwagen kein Planenverdeck hatte. Schließlich lag mir ja das Wohl meines Tieres am Herzen. Der Wind würde bis Bern einige Stunden durch die Luftschlitze pfeifen. Als ich die Schweizer Transportkiste in Augenschein nahm, reagierte ich mit heftigem Kopfschütteln: ich sah den

Wisent schon auf der Autobahn herumlaufen. Doch die Berner bestanden auf ihrer Kiste.

Der Inspektor sagte lakonisch: „Wenn die das wollen, lass es uns versuchen.“ Nun gut, im Stall konnten wir es riskieren. Vor einem geschlossenen Durchgang stellten wir die Kiste auf und verkeilten sie rundum ordentlich. Da es die gewohnte Laufrichtung des Tieres war, brauchten wir den Stallschieber nur zu öffnen und hinter ihm wieder zu schließen und schon war der kleine Bulle für etwa drei Sekunden in der Kiste. Genau so lange brauchte er, um die Frontbretter durchzustoßen.
Dann stand er neben der demolierten Kiste und musste zu seiner Beruhigung noch mal mit seiner Mutter zusammen in das Vorgatter geführt werden.

„Gottverd...“, oder so etwas Ähnliches haben die Berner Kollegen wie aus der Pistole geschossen gesagt. „Hast du das gesehen?“ Natürlich, ich hatte es ja sogar vorausgesehen.

Zwei Stunden später stand eine der guten Frankfurter Kisten samt Wisentbullenkalb und einer Plane gegen Zugwind abfahrbereit auf dem Lastwagen.

Pferdestallkatzen

Die Tür zwischen Pferdestall und Futterraum hielt ich nachts immer geschlossen. Manchmal kam es vor, dass Pferde sich das Halfter vom Kopf zogen. Dann wäre der Futterraum vor ihnen nicht sicher gewesen. Den Katzen hatte ich dort einen behaglichen Schlafplatz hergerichtet. Diesen suchten sie im Winter freiwillig auf, im Frühjahr und zur Brutzeit der Vögel sollten sie dort eingesperrt sein.

Doch immer wieder stand morgens die Tür zum Stall einen Spalt offen und unsere Katzen waren unterwegs. Das Rätsel war bald gelöst: Die schlaue Mutterkatze schaffte es durch mitunter mehrere Sprünge auf die Türklinke diese zu öffnen. Die einfachste Möglichkeit, das abzustellen, war, die Tür abzuschließen. Das tat ich auch.

In der Folgezeit fiel mir auf, dass Pan, der Shetlandponywallach, der direkt neben dieser Tür stand, morgens oft sehr unruhig und nass geschwitzt war. Sobald er außen in der Koppel war, ging es ihm wieder gut. Was war der Grund?

Eines Morgens entdeckte ich ihn. Pan stand wieder aufgeregt, große Augen, die Ohren nach hinten gedreht, auf seinem Platz. Auf der Rückseite der verschlossenen Tür hinter ihm sprang die Katzenmutter immerzu auf die Klinke, in der Hoffnung, die Tür würde sich wie früher öffnen.
Das „Klick-klack, Klick-klack“ hatte Pan in Angst und Schrecken versetzt.

Ab sofort schloss ich die Tür nicht mehr ab. Stattdessen stellte ich die Türklinke senkrecht. Acht Tage war das in Ordnung, aber dann stand morgens die Tür wieder offen. Mit einer fernausgelösten Kamera kam ich dem Geheimnis auf die Spur. War ich mit der Katze zusammen im Futterraum, machte sie nie irgendwelche Versuche. Das Foto zeigte: Sie krallte sich mit den Vorderpfoten an einen Lichtschalter, der etwa in der Höhe der Türklinke angebracht war. Dann drückte sie mit ihrem Kopf die senkrecht gestellte Klinke zur Seite, bis die Tür wie früher aus dem Schloss sprang. Schlaue Katze.

Leihtierpfleger

In den letzten acht Jahren meiner Tierpflegertätigkeit wurde ich vom Zoo gewissermaßen an das Forstamt ausgeliehen, denn die Wisente und die Dybowskihirsche fanden im Stadtwald in der Fasanerie ein neues Zuhause. Durch politisches Ränkespiel war der Niddazoo samt Tierhäusern und Freianlagen nach 13 Jahren zugunsten der Bundesgartenschau dem Erdboden gleich gemacht worden.

Ich muss anmerken, unter Grzimeks Führung wäre es dazu nie gekommen. Er aber war längst im Ruhestand. Am meisten habe ich damals bedauert, dass zwanzig Rauchschwalbenpaare ihre in fünf verschiedene Tierhäuser verteilten

Nester verloren hatten. Immerhin haben im Niddazoo weit über 200 Schwalben das Licht Frankfurts erblickt. Dazu kamen 21 europäische Weißstörche, die alle in die Freiheit entlassen wurden, viele Wisente, Hirsche und Ponys.

In der Fasanerie und Vogelpflegestation erhielten wir fast täglich Anrufe, besonders in den Frühjahrs- und Sommermonaten. Immer waren es Bürger, die Verkehrsunfallopfer am Straßenrand fanden oder solche, die aus dem Nest gefallene Jungvögel bringen wollten. Meist waren es Greifvögel, oft Füchse, Hasen, Rehe, sowohl tote als auch verletzte. Falken und Sperber, die gegen Glasfassaden von Hochhäusern geflogen waren. Fledermäuse, die sich in Wohnungen verirrt hatten. Steinmarder tobten oft auf Dachgeschossen. Verletzte Igel, Enten, Gänse, sogar einmal ein Schwan. Er war beim Überfliegen der Alten Brücke über den Main mit einem Auto zusammengestoßen.

Junge Waldohreulen, Waldkäuze, sogar einmal einen Raufußkauz, Kuckucke, Turmfalken, Eichelhäher, Mauersegler und Krähen habe ich dort aufgepäppelt.

Sonntags morgens kam einer der Förster zu mir, die ja auch erforderlichenfalls Jäger sind. Er habe schon dreimal morgens auf einen Rehbock angesessen, erzählt er. Jedes mal zwei Stunden vergeblich. „Früher konnte man dann wenigstens noch einen Eichelhäher abschießen. Das geht heute

auch nicht mehr.“ Vermutlich hatte er noch nie einem Eichelhäher dabei zugeschaut, wie er Eicheln, Nüsse, Bucheckern im Erdreich als Futtervorrat versteckt.
Oder die Zeilen von Eugen Roth gelesen:

„So wie die Raben und die Häher
wird er ein Pflanzer und ein Säer,
weil er vergisst von heut auf morgen,
wo er sein Hamstergut verborgen.“

Einmal wurde meine mühsame Pflegearbeit konterkariert. Nach drei freien Tagen in der Fasanerie und Vogelpflegestation war morgens die Voliere der drei aufgepäppelten Jungkrähen leer. Ein Anruf beim Kollegen, weshalb, wieso? „Ja, der Alte hat die gestern raus gelassen, es seien unnötige Fresser.“

Im Laufe des Vormittags fand ich zwei von ihnen tot, mit argen Verletzungen an den Köpfen. Diese stammten natürlich von dem Krähenpaar, das die Vogelpflegestation als sein Revier beanspruchte.

Diese Selbstherrlichkeit des Vorgesetzten gab für mich den Ausschlag, nach 43 Jahren Tierpflegertätigkeit für die Stadt Frankfurt die Möglichkeit des vorzeitigen Ruhestandes in Anspruch zu nehmen.

- Ente -

Danksagung

Ein herzliches Dankeschön an alle Freunde, die mir hilfreich zur Seite standen:
Christa und Manfred Hotter, in deren stiller Wohnung alles begonnen hat.
Rosa und Herbert Frank, in deren Forsthaus ich in Ruhe meine vielen handschriftlichen Notizen sortieren konnte.

Dr. Fritz Jantschke für seine sorgfältige fachkompetente Überarbeitung.

Besonderer Dank gebührt Schwägerin und Schwager Susanne und Peter Frank. Peter hat schon früh mit seinem Computer aus dem Chaos meiner Notizen Übersicht und lesbare Seiten geschaffen. Beide haben sie neu formuliert und orthographisch alles ins Reine gebracht.

Ulrich Schüttfort für die Gesamtgestaltung des Buches und seine Geduld, der auf immer wieder neue Wünsche eingegangen ist und so das Werk vollendet hat.

Bilderverzeichnis